第 1 級　ビジネス計算部門数表

(A) 複利終価表

n \ i	2 %	2.5 %	3 %	3.5 %	4 %	4.5 %	5 %	5.5 %	6 %	6.5 %	7 %
6	1.1261 6242	1.1596 9342	1.1940 5230	1.2292 5533	1.2653 1902	1.3022 6012	1.3400 9564	1.3788 4281	1.4185 1911	1.4591 4230	1.5007 3035
7	1.1486 8567	1.1886 8575	1.2298 7387	1.2722 7926	1.3159 3178	1.3608 6183	1.4071 0042	1.4546 7916	1.5036 3026	1.5539 8655	1.6057 8148
8	1.1716 5938	1.2184 0290	1.2667 7008	1.3168 0904	1.3685 6905	1.4221 0061	1.4774 5544	1.5346 8651	1.5938 4807	1.6549 9567	1.7181 8618
9	1.1950 9257	1.2488 6297	1.3047 7318	1.3628 9735	1.4233 1181	1.4860 9514	1.5513 2822	1.6190 9427	1.6894 7896	1.7625 7039	1.8384 5921
10	1.2189 9442	1.2800 8454	1.3439 1638	1.4105 9876	1.4802 4428	1.5529 6942	1.6288 9463	1.7081 4446	1.7908 4770	1.8771 3747	1.9671 5136
11	1.2433 7431	1.3120 8666	1.3842 3387	1.4599 6972	1.5394 5406	1.6228 5305	1.7103 3936	1.8020 9240	1.8982 9856	1.9991 5140	2.1048 5195
12	1.2682 4179	1.3448 8882	1.4257 6089	1.5110 6866	1.6010 3222	1.6958 8143	1.7958 5633	1.9012 0749	2.0121 9647	2.1290 9624	2.2521 9159
13	1.2936 0663	1.3785 1104	1.4685 3371	1.5639 5606	1.6650 7351	1.7721 9610	1.8856 4914	2.0057 7390	2.1329 2826	2.2674 8750	2.4098 4500
14	1.3194 7876	1.4129 7382	1.5125 8972	1.6186 9452	1.7316 7645	1.8519 4492	1.9799 3160	2.1160 9146	2.2609 0396	2.4148 7418	2.5785 3415
15	1.3458 6834	1.4482 9817	1.5579 6742	1.6753 4883	1.8009 4351	1.9352 8244	2.0789 2818	2.2324 7649	2.3965 5819	2.5718 4101	2.7590 3154
16	1.3727 8571	1.4845 0562	1.6047 0644	1.7339 8604	1.8729 8125	2.0223 7015	2.1828 7459	2.3552 6270	2.5403 5168	2.7390 1067	2.9521 6375
17	1.4002 4142	1.5216 1826	1.6528 4763	1.7946 7555	1.9479 0050	2.1133 7681	2.2920 1832	2.4848 0215	2.6927 7279	2.9170 4637	3.1588 1521
18	1.4282 4625	1.5596 5872	1.7024 3306	1.8574 8920	2.0258 1652	2.2084 7877	2.4066 1923	2.6214 6627	2.8543 3915	3.1066 5438	3.3799 3228
19	1.4568 1117	1.5986 5019	1.7535 0605	1.9225 0132	2.1068 4918	2.3078 6031	2.5269 5020	2.7656 4691	3.0255 9950	3.3085 8691	3.6165 2754
20	1.4859 4740	1.6386 1644	1.8061 1123	1.9897 8886	2.1911 2314	2.4117 1402	2.6532 9771	2.9177 5749	3.2071 3547	3.5236 4506	3.8696 8446

(B) 複利現価表

n \ i	2 %	2.5 %	3 %	3.5 %	4 %	4.5 %	5 %	5.5 %	6 %	6.5 %	7 %
6	0.8879 7138	0.8622 9687	0.8374 8426	0.8135 0064	0.7903 1453	0.7678 9574	0.7462 1540	0.7252 4583	0.7049 6054	0.6853 3412	0.6663 4222
7	0.8705 6018	0.8412 6524	0.8130 9151	0.7859 9096	0.7599 1781	0.7348 2846	0.7106 8133	0.6874 3681	0.6650 5711	0.6435 0621	0.6227 4974
8	0.8534 9037	0.8207 4657	0.7894 0923	0.7594 1156	0.7306 9021	0.7031 8513	0.6768 3936	0.6515 9887	0.6274 1237	0.6042 3119	0.5820 0910
9	0.8367 5527	0.8007 2836	0.7664 1673	0.7337 3097	0.7025 8674	0.6729 0443	0.6446 0892	0.6176 2926	0.5918 9846	0.5673 5323	0.5439 3374
10	0.8203 4830	0.7811 9840	0.7440 9391	0.7089 1881	0.6755 6417	0.6439 2768	0.6139 1325	0.5854 3058	0.5583 9478	0.5327 2604	0.5083 4929
11	0.8042 6304	0.7621 4478	0.7224 2128	0.6849 4571	0.6495 8093	0.6161 9874	0.5846 7929	0.5549 1050	0.5267 8753	0.5002 1224	0.4750 9280
12	0.7884 9318	0.7435 5589	0.7013 7988	0.6617 8330	0.6245 9705	0.5896 6386	0.5568 3742	0.5259 8152	0.4969 6936	0.4696 8285	0.4440 1196
13	0.7730 3253	0.7254 2038	0.6809 5134	0.6394 0415	0.6005 7409	0.5642 7164	0.5303 2135	0.4985 6068	0.4688 3902	0.4410 1676	0.4149 6445
14	0.7578 7502	0.7077 2720	0.6611 1781	0.6177 8179	0.5774 7508	0.5399 7286	0.5050 6795	0.4725 6937	0.4423 0096	0.4141 0025	0.3878 1724
15	0.7430 1473	0.6904 6556	0.6418 6195	0.5968 9062	0.5552 6450	0.5167 2044	0.4810 1710	0.4479 3305	0.4172 6506	0.3888 2652	0.3624 4602
16	0.7284 4581	0.6736 2493	0.6231 6694	0.5767 0591	0.5339 0818	0.4944 6932	0.4581 1152	0.4245 8109	0.3936 4628	0.3650 9533	0.3387 3460
17	0.7141 6256	0.6571 9506	0.6050 1645	0.5572 0378	0.5133 7325	0.4731 7639	0.4362 9669	0.4024 4653	0.3713 6442	0.3428 1251	0.3165 7439
18	0.7001 5937	0.6411 6591	0.5873 9461	0.5383 6114	0.4936 2812	0.4528 0037	0.4155 2065	0.3814 6590	0.3503 4379	0.3218 8969	0.2958 6392
19	0.6864 3076	0.6255 2772	0.5702 8603	0.5201 5569	0.4746 4242	0.4333 0179	0.3957 3396	0.3615 7906	0.3305 1301	0.3022 4384	0.2765 0833
20	0.6729 7133	0.6102 7094	0.5536 7575	0.5025 6588	0.4563 8695	0.4146 4286	0.3768 8948	0.3427 2896	0.3118 0473	0.2837 9703	0.2584 1900

(C) 複利年金終価表

n \ i	2 %	2.5 %	3 %	3.5 %	4 %	4.5 %	5 %	5.5 %	6 %	6.5 %	7 %
6	6.3081 2096	6.3877 3673	6.4684 0988	6.5501 5218	6.6329 7546	6.7168 9166	6.8019 1281	6.8880 5103	6.9753 1854	7.0637 2764	7.1532 9074
7	7.4342 8338	7.5474 3015	7.6624 6218	7.7794 0751	7.8982 9448	8.0191 5179	8.1420 0845	8.2668 9384	8.3938 3765	8.5228 6994	8.6540 2109
8	8.5829 6905	8.7361 1590	8.8923 3605	9.0516 8677	9.2142 2626	9.3800 1362	9.5491 0888	9.7215 7300	9.8974 6791	10.0768 5648	10.2598 0257
9	9.7546 2843	9.9545 1880	10.1591 0613	10.3684 9581	10.5827 9531	10.8021 1423	11.0265 6432	11.2562 5951	11.4913 1598	11.7318 5215	11.9779 8875
10	10.9497 2100	11.2033 8177	11.4638 7931	11.7313 9316	12.0061 0712	12.2882 0937	12.5778 9254	12.8753 5379	13.1807 9494	13.4944 2604	13.8164 4796
11	12.1687 1542	12.4834 6631	12.8077 9569	13.1419 9192	13.4863 5141	13.8411 7879	14.2067 8716	14.5834 9825	14.9716 4264	15.3715 6001	15.7835 9932
12	13.4120 8973	13.7955 5297	14.1920 2956	14.6019 6164	15.0258 0546	15.4640 3184	15.9171 2652	16.3855 9065	16.8699 4120	17.3707 1141	17.8884 5127
13	14.6803 3152	15.1404 4179	15.6177 9045	16.1130 3030	16.6268 3768	17.1599 1327	17.7129 8285	18.2867 9814	18.8821 3767	19.4998 0765	20.1406 4286
14	15.9739 3815	16.5189 5284	17.0863 2416	17.6769 8636	18.2919 1119	18.9321 0937	19.5986 3199	20.2925 7203	21.0150 6593	21.7672 9515	22.5504 8878
15	17.2934 1692	17.9319 2666	18.5989 1389	19.2956 9896	20.0235 8764	20.7840 5429	21.5785 6359	22.4086 6350	23.2759 6988	24.1821 6953	25.1290 2201
16	18.6392 8525	19.3802 2483	20.1568 8130	20.9710 2971	21.8245 3114	22.7193 3673	23.6574 9177	24.6411 3999	25.6725 2808	26.7540 1034	27.8880 5351
17	20.0120 7096	20.8647 3045	21.7615 8774	22.7050 1575	23.6975 1239	24.7417 0689	25.8403 6636	26.9964 0269	28.2128 7976	29.4930 2101	30.8402 1730
18	21.4123 1238	22.3863 4871	23.4144 3537	24.4996 9130	25.6454 1288	26.8550 8370	28.1323 8467	29.4812 0483	30.9056 5255	32.4100 6738	33.9990 3251
19	22.8405 5863	23.9460 0743	25.1168 4844	26.3571 8050	27.6712 2940	29.0635 6246	30.5390 0391	32.1026 7110	33.7599 9170	35.5167 2176	37.3789 6479
20	24.2973 6980	25.5446 5761	26.8703 7449	28.2796 8181	29.7780 7858	31.3714 2277	33.0659 5410	34.8683 1801	36.7855 9120	38.8253 0867	40.9954 9232

年　　組　　番　　名前

(D) 複利年金現価表

n	2 %	2.5 %	3 %	3.5 %	4 %	4.5 %	5 %	5.5 %	6 %	6.5 %	7 %
6	5.6014 3089	5.5081 2536	5.4171 9144	5.3285 5302	5.2421 3686	5.1578 7248	5.0756 9207	4.9955 3031	4.9173 2433	4.8410 1356	4.7665 3966
7	6.4719 9107	6.3493 9060	6.2302 8296	6.1145 4398	6.0020 5467	5.8927 0094	5.7863 7340	5.6829 6712	5.5823 8144	5.4845 1977	5.3892 8940
8	7.3254 8144	7.1701 3717	7.0196 9219	6.8739 5554	6.7327 4487	6.5958 8607	6.4632 1276	6.3345 6599	6.2097 9381	6.0887 5096	5.9712 9851
9	8.1622 3671	7.9708 6553	7.7861 0892	7.6076 8651	7.4353 3161	7.2687 9050	7.1078 2168	6.9521 9525	6.8016 9227	6.6561 0419	6.5152 3225
10	8.9825 8501	8.7520 6393	8.5302 0284	8.3166 0532	8.1108 9578	7.9127 1818	7.7217 3493	7.5376 2583	7.3600 8705	7.1888 3022	7.0235 8154
11	9.7868 4805	9.5142 0871	9.2526 2411	9.0015 5104	8.7604 7671	8.5289 1692	8.3064 1422	8.0925 3633	7.8868 7458	7.6890 4246	7.4986 7434
12	10.5753 4122	10.2577 6460	9.9540 0399	9.6633 3433	9.3850 7376	9.1185 8078	8.8632 5164	8.6185 1785	8.3838 4394	8.1587 2532	7.9426 8630
13	11.3483 7375	10.9831 8497	10.6349 5533	10.3027 3849	9.9856 4785	9.6828 5242	9.3935 9299	9.1170 7853	8.8526 8296	8.5997 4208	8.3576 5074
14	12.1062 4877	11.6909 1217	11.2960 7314	10.9205 2028	10.5631 2293	10.2228 2528	9.8986 4094	9.5896 4790	9.2949 8393	9.0138 4233	8.7454 6799
15	12.8492 6350	12.3813 7773	11.9379 3509	11.5174 1090	11.1183 8743	10.7395 4573	10.3796 5804	10.0375 8094	9.7122 4899	9.4026 6885	9.1079 1401
16	13.5777 0931	13.0550 0266	12.5611 0203	12.0941 1681	11.6522 9561	11.2340 1505	10.8377 6956	10.4621 6203	10.1058 9527	9.7677 6418	9.4466 4860
17	14.2918 7188	13.7121 9772	13.1661 1847	12.6513 2059	12.1656 6885	11.7071 9143	11.2740 6625	10.8646 0856	10.4772 5969	10.1105 7670	9.7632 2299
18	14.9920 3125	14.3533 6363	13.7535 1308	13.1896 8690	12.6592 9005	12.1599 9180	11.6895 8690	11.2460 7447	10.8276 0348	10.4324 6638	10.0590 8691
19	15.6784 6201	14.9788 9134	14.3237 9911	13.7098 3742	13.1339 3940	12.5932 9359	12.0853 2086	11.6076 5352	11.1581 1649	10.7347 1022	10.3355 9524
20	16.3514 3334	15.5891 6229	14.8774 7486	14.2124 0330	13.5903 2634	13.0079 3645	12.4622 1034	11.9503 8248	11.4699 2122	11.0185 0725	10.5940 1425

(E) 複利賦金表

n	2 %	2.5 %	3 %	3.5 %	4 %	4.5 %	5 %	5.5 %	6 %	6.5 %	7 %
1	1.02	1.025	1.03	1.035	1.04	1.045	1.05	1.055	1.06	1.065	1.07
2	0.5150 4950	0.5188 2716	0.5226 1084	0.5264 0049	0.5301 9608	0.5339 9756	0.5378 0488	0.5416 1800	0.5454 3689	0.5492 6150	0.5530 9179
3	0.3467 5467	0.3501 3717	0.3535 3036	0.3569 3418	0.3603 4854	0.3637 7336	0.3672 0856	0.3706 5407	0.3741 0981	0.3775 7570	0.3810 5167
4	0.2626 2375	0.2658 1788	0.2690 2705	0.2722 5114	0.2754 9005	0.2787 4365	0.2820 1183	0.2852 9449	0.2885 9149	0.2919 0274	0.2952 2812
5	0.2121 5839	0.2152 4686	0.2183 5457	0.2214 8137	0.2246 2711	0.2277 9164	0.2309 7480	0.2341 7644	0.2373 9640	0.2406 3454	0.2438 9069
6	0.1785 2581	0.1815 4997	0.1845 9750	0.1876 6821	0.1907 6190	0.1938 7839	0.1970 1747	0.2001 7895	0.2033 6263	0.2065 6831	0.2097 9580
7	0.1545 1196	0.1574 9543	0.1605 0635	0.1635 4449	0.1666 0961	0.1697 0147	0.1728 1982	0.1759 6442	0.1791 3502	0.1823 3137	0.1855 5322
8	0.1365 0980	0.1394 6735	0.1424 5639	0.1454 7665	0.1485 2783	0.1516 0965	0.1547 2181	0.1578 6401	0.1610 3594	0.1642 3730	0.1674 6776
9	0.1225 1544	0.1254 5689	0.1284 3386	0.1314 4601	0.1344 9299	0.1375 7447	0.1406 9008	0.1438 3946	0.1470 2224	0.1502 3803	0.1534 8647
10	0.1113 2653	0.1142 5876	0.1172 3051	0.1202 4137	0.1232 9094	0.1263 7882	0.1295 0457	0.1326 6777	0.1358 6796	0.1391 0469	0.1423 7750
11	0.1021 7794	0.1051 0596	0.1080 7745	0.1110 9197	0.1141 4904	0.1172 4818	0.1203 8889	0.1235 7065	0.1267 9294	0.1300 5521	0.1333 5690
12	0.0945 5960	0.0974 8713	0.1004 6209	0.1034 8395	0.1065 5217	0.1096 6619	0.1128 2541	0.1160 2923	0.1192 7703	0.1225 6817	0.1259 0199
13	0.0881 1835	0.0910 4827	0.0940 2954	0.0970 6157	0.1001 4373	0.1032 7535	0.1064 5577	0.1096 8426	0.1129 6011	0.1162 8256	0.1196 5085
14	0.0826 0197	0.0855 3652	0.0885 2634	0.0915 7073	0.0946 6897	0.0978 2032	0.1010 2397	0.1042 7912	0.1075 8491	0.1109 4048	0.1143 4494
15	0.0778 2547	0.0807 6646	0.0837 6658	0.0868 2507	0.0899 4110	0.0931 1381	0.0963 4229	0.0996 2560	0.1029 6276	0.1063 5278	0.1097 9462

(F) 減価償却資産償却率表

耐用年数	定額法償却率	定率法償却率	耐用年数	定額法償却率	定率法償却率	耐用年数	定額法償却率	定率法償却率	耐用年数	定額法償却率	定率法償却率	耐用年数	定額法償却率	定率法償却率
2	0.500	1.000	11	0.091	0.182	21	0.048	0.095	31	0.033	0.065	41	0.025	0.049
3	0.334	0.667	12	0.084	0.167	22	0.046	0.091	32	0.032	0.063	42	0.024	0.048
4	0.250	0.500	13	0.077	0.154	23	0.044	0.087	33	0.031	0.061	43	0.024	0.047
5	0.200	0.400	14	0.072	0.143	24	0.042	0.083	34	0.030	0.059	44	0.023	0.045
6	0.167	0.333	15	0.067	0.133	25	0.040	0.080	35	0.029	0.057	45	0.023	0.044
7	0.143	0.286	16	0.063	0.125	26	0.039	0.077	36	0.028	0.056	46	0.022	0.043
8	0.125	0.250	17	0.059	0.118	27	0.038	0.074	37	0.028	0.054	47	0.022	0.043
9	0.112	0.222	18	0.056	0.111	28	0.036	0.071	38	0.027	0.053	48	0.021	0.042
10	0.100	0.200	19	0.053	0.105	29	0.035	0.069	39	0.026	0.051	49	0.021	0.041
			20	0.050	0.100	30	0.034	0.067	40	0.025	0.050	50	0.020	0.040

ビジネス計算問題の解法

　ビジネス計算部門は，次のⅠ〜Ⅴの分野で20題が出題され，制限時間の30分で解答する。配点は1題5点で，100点満点中70点以上を合格とする。なお，普通計算部門にも合格すると，当該級の合格と認定される。

出題分野と内容

Ⅰ．2級に準ずる計算
　1．単利の計算
　　　利息・元利合計を求める計算および積数法による計算
　　　元金・利率・期間を求める計算
　2．手形割引の計算
　　　割引料・手取金を求める計算
　3．売買・損益の計算
　　　代価・建値・原価・予定売価・実売価・値引率・利益率を求める計算
　　　手数料の計算
　　　※仲立人の手数料の計算は，売買価額が表示されていない問題。（逆算）

Ⅱ．複利の計算
　　　終価・現価・利息を求める計算

Ⅲ．減価償却費の計算
　　　定額法・定率法の計算，減価償却計算表の作成

Ⅳ．複利年金の計算
　　　期末払い・期首払いの終価と現価の計算
　　　期末払いの賦金と積立金の計算
　　　年賦償還表・積立金表の作成

Ⅴ．証券投資の計算
　　　証券の買入代金，単利最終利回りの計算
　　　株式の買入・売渡代金，利回り，指値の計算

※複利・複利年金・減価償却費の計算については，巻頭の数表を参照。

1．2級に準ずる計算

1．単利の計算

> **例題1　利息を求める計算**
>
> 　元金¥81,690,000を年利率6.52%の単利で8月14日から10月26日まで借りると，期日に支払う利息はいくらか。（片落とし，円未満切り捨て）

〈解説〉**利息＝元金×利率×期間**

　　8/14〜10/26（片落とし）…73日

　　$¥81,690,000 \times 0.0652 \times \dfrac{73}{365} = ¥1,065,237$　　　　　　　答　　　¥1,065,237

〈キー操作〉ラウンドセレクターを**CUT**，小数点セレクターを**0**にセット

　　81,690,000 ⊠ ・ 0652 ⊠ 73 ÷ 365 ⊟

〈留意〉　73日＝0.2年　　　146日＝0.4年　　　219日＝0.6年　　　292日＝0.8年

◆練習問題◆

(1) 元金¥49,520,000を単利で6月15日から9月11日まで借りると，期日に支払う利息はいくらか。ただし，利率は年3.47%とする。（片落とし，円未満切り捨て）

答＿＿＿＿＿＿＿＿＿＿＿＿＿

(2) ¥18,630,000を年利率2.76%の単利で2月18日から5月24日まで貸すと，利息はいくらか。（うるう年，片落とし，円未満切り捨て）

答＿＿＿＿＿＿＿＿＿＿＿＿＿

例題2	元利合計を求める計算	

元金¥25,680,000を年利率4.62%の単利で1年3か月間貸した。期日に受け取る元利合計はいくらか。

〈解説〉元利合計＝元金＋利息
　　　　　　　　＝元金×（1＋利率×期間）

$$¥25,680,000 × 0.0462 × \frac{15}{12} = ¥1,483,020 （利息）$$

$$¥25,680,000 + ¥1,483,020 = ¥27,163,020$$

$$または，¥25,680,000 × \left(1 + 0.0462 × \frac{15}{12}\right) = ¥27,163,020$$

答　　　¥27,163,020

〈キー操作〉25,680,000 M+ × ・ 0462 × 15 ÷ 12 M+ MR
　　　　または，・ 0462 × 15 ÷ 12 ＋ 1 × 25,680,000 ＝
〈留意〉3か月＝0.25年　　6か月＝0.5年　　9か月＝0.75年

◆練習問題◆

(3) 元金¥78,410,000を年利率0.43%の単利で11月21日から翌年2月8日まで借りると，期日に支払う元利合計はいくらか。（片落とし，円未満切り捨て）

答＿＿＿＿＿＿＿＿＿＿＿＿＿

(4) ¥29,560,000を年利率3.17%の単利で1年4か月間貸し付けると，期日に受け取る元利合計はいくらか。（円未満切り捨て）

答＿＿＿＿＿＿＿＿＿＿＿＿＿

例題3	元金を元利合計から求める計算（期間が月数の場合）	

年利率3.84%の単利で9か月間借り入れ，期日に元利合計¥36,975,072を支払った。元金はいくらであったか。

〈解説〉元金＝元利合計÷（1＋利率×期間）

$$¥36,975,072 ÷ \left(1 + 0.0384 × \frac{9}{12}\right) = ¥35,940,000$$

答　　　¥35,940,000

〈キー操作〉・ 0384 × 9 ÷ 12 ＋ 1 M+ 36,975,072 ÷ MR ＝

練習問題の解答
(1) ¥414,285　(2) ¥135,238　(3) ¥78,482,975　(4) ¥30,809,402

例題4 元金を元利合計から求める計算（期間が日数の場合）

　年利率4.85％の単利で146日間貸し付け，期日に元利ともで¥48,747,708を受け取った。元金はいくらであったか。

〈解説〉元金＝元利合計÷（1＋利率×期間）

$$¥48,747,708 ÷ \left(1 + 0.0485 × \frac{146}{365}\right) = ¥47,820,000$$

答　　　　　　¥47,820,000

〈キー操作〉・ 0485 ✕ 146 ÷ 365 ＋ 1 M+ 48,747,708 ÷ MR ＝

◆練習問題◆

(5) 年利率4.95％の単利で219日間借り入れたところ，元利合計が¥70,266,728になった。元金はいくらであったか。

答　　　　　　　　　

(6) 年利率3.62％の単利で1年3か月間貸し付けたところ，期日に元利合わせて¥59,955,540を受け取った。元金はいくらであったか。

答　　　　　　　　　

(7) 年利率6.14％の単利で292日間借り入れ，期日に元利ともで¥82,618,200を返済した。借入金額はいくらであったか。

答　　　　　　　　　

(8) 年利率0.186％の単利で73日間貸し付け，期日に元利ともで¥39,264,601を受け取った。貸付金額はいくらであったか。

答　　　　　　　　　

(9) 年利率2.49％の単利で7か月間借り入れ，期日に元利ともで¥46,018,854を返済した。借入金額はいくらであったか。

答　　　　　　　　　

例題5 利率を求める計算

　元金¥62,050,000を単利で9月16日から11月13日まで貸し付け，期日に元利合計¥62,496,658を受け取った。年利率は何パーセントか。パーセントの小数第2位まで求めよ。（片落とし）

〈解説〉利率＝利息÷（元金×期間）

　9/16～11/13（片落とし）…58日

　¥62,496,658 － ¥62,050,000 ＝ ¥446,658（利息）

$$¥446,658 ÷ \left(¥62,050,000 × \frac{58}{365}\right) = 0.0453$$

答　　　　　　4.53％

〈キー操作〉62,050,000 ✕ 58 ÷ 365 M+ 62,496,658 － 62,050,000 ÷ MR ％

練習問題の解答

(5) ¥68,240,000　(6) ¥57,360,000　(7) ¥78,750,000　(8) ¥39,250,000　(9) ¥45,360,000

◆練習問題◆

⑽　元金￥82,740,000を単利で1年2か月間貸し付け，期日に元利合計￥86,784,607
　　を受け取った。年利率は何パーセントか。パーセントの小数第2位まで求めよ。

答＿＿＿＿＿＿＿＿＿

⑾　元金￥46,290,000を単利で10月13日から12月25日まで借り入れ，期日に元利
　　合計￥46,627,917を支払った。年利率は何パーセントか。パーセントの小数第2位
　　まで求めよ。（片落とし）

答＿＿＿＿＿＿＿＿＿

⑿　元金￥29,830,000を単利で1年3か月間借りた。元利合計が￥29,922,473であ
　　れば，年利率は何パーセントか。パーセントの小数第3位まで求めよ。

答＿＿＿＿＿＿＿＿＿

例題6	期間を求める計算	

　　元金￥37,680,000を年利率4.15%の単利で借り入れ，元利合計￥40,416,510を支払った。借
入期間は何年何か月間か。

〈解説〉期間＝利息÷（元金×利率）

￥40,416,510－￥37,680,000＝￥2,736,510（利息）

$￥2,736,510 ÷ \left(￥37,680,000 × 0.0415 × \dfrac{1}{12} \right) = 21$

答＿＿＿1年9か月（間）

〈注意〉1年は12か月なので，21か月は1年9か月となる。

〈キー操作〉37,680,000 ✕ ・ 0415 ÷ 12 [M+] 40,416,510 ─ 37,680,000 ÷ [MR] ═

◆練習問題◆

⒀　元金￥73,860,000を年利率2.64%の単利で借り入れ，元利合計￥76,622,364
　　を支払った。借入期間は何年何か月間か。

答＿＿＿＿＿＿＿＿＿

⒁　元金￥83,950,000を年利率0.603%の単利で貸し付け，元利合計￥84,047,083
　　を受け取った。貸付期間は何日間であったか。

答＿＿＿＿＿＿＿＿＿

⒂　元金￥21,630,000を年利率1.82%の単利で貸し付け，元利合計￥22,089,277
　　を受け取った。貸付期間は何年何か月間であったか。

答＿＿＿＿＿＿＿＿＿

練習問題の解答
　⑽ 4.19%　⑾ 3.65%　⑿ 0.248%　⒀ 1年5か月（間）　⒁ 70日（間）　⒂ 1年2か月（間）

6

例題7 積数法によって利息合計を求める計算

次の3口の借入金の利息を積数法によって計算すると，利息合計はいくらになるか。ただし，いずれも期日は9月13日，利率は年4.35%とする。（片落とし，円未満切り捨て）

借入金額	借入日
¥72,140,000	6月21日
¥38,950,000	7月17日
¥61,720,000	8月9日

〈解説〉 6/21〜9/13（片落とし）…84日
　　　　7/17〜9/13（片落とし）…58日
　　　　8/ 9〜9/13（片落とし）…35日

¥72,140,000×84 = ¥ 6,059,760,000
¥38,950,000×58 = ¥ 2,259,100,000
¥61,720,000×35 = ¥ 2,160,200,000
　　　　　　　　　¥10,479,060,000（積数合計）

¥10,479,060,000×0.0435÷365 = ¥1,248,874

答　　　　¥1,248,874

〈キー操作〉 ラウンドセレクターをCUT，小数点セレクターを0にセット
72,140,000 ✕ 84 = 38,950,000 ✕ 58 = 61,720,000 ✕ 35 = GT ✕ • 0435 ÷ 365 =

◆練習問題◆

⒃ 次の3口の借入金の利息を積数法によって計算すると，利息合計はいくらになるか。
ただし，いずれも期日は4月25日，利率は年2.86%とする。
（平年，片落とし，円未満切り捨て）

借入金額	借入日
¥43,620,000	1月23日
¥52,710,000	2月18日
¥68,490,000	3月6日

答　　　　　　　　　　　　　

⒄ 次の3口の貸付金の利息を積数法によって計算すると，利息合計はいくらになるか。
ただし，いずれも期日は12月3日，利率は年0.38%とする。
（片落とし，円未満切り捨て）

貸付金額	貸付日
¥39,850,000	8月27日
¥12,340,000	9月15日
¥24,670,000	10月2日

答　　　　　　　　　　　　　

練習問題の解答
⒃ ¥855,367　⒄ ¥66,731

　　次の3口の貸付金の利息を積数法によって計算すると，元利合計はいくらになるか。ただし，いずれも期日は7月21日，利率は年0.62%とする。（片落とし，円未満切り捨て）

貸付金額	貸付日
¥34,780,000	4月 5日
¥89,160,000	5月17日
¥53,240,000	6月 9日

〈解説〉　4/ 5～7/21（片落とし）…107日

　　　　5/17～7/21（片落とし）… 65日

　　　　6/ 9～7/21（片落とし）… 42日

¥34,780,000×107＝¥ 3,721,460,000

¥89,160,000× 65＝¥ 5,795,400,000

¥53,240,000× 42＝¥ 2,236,080,000

　　　　　　　　　¥11,752,940,000 （積数合計）

¥11,752,940,000×0.0062÷365＝¥199,638

¥34,780,000＋¥89,160,000＋¥53,240,000＋¥199,638＝¥177,379,638

答　　　¥177,379,638

〈キー操作〉ラウンドセレクターをCUT，小数点セレクターを0にセット

34,780,000 M+ × 107 = 89,160,000 M+ × 65 = 53,240,000 M+ × 42 = GT × • 0062 ÷ 365 M+ MR

◆練習問題◆

⒅　次の3口の借入金の利息を積数法によって計算すると，元利合計はいくらになるか。

　　ただし，いずれも期日は5月13日，利率は年0.79%とする。

　　（平年，片落とし，円未満切り捨て）

借入金額	借入日
¥34,650,000	2月15日
¥18,520,000	3月23日
¥49,710,000	4月 5日

答

⒆　次の3口の貸付金の利息を積数法によって計算すると，元利合計はいくらになるか。

　　ただし，いずれも期日は7月29日，利率は年3.64%とする。

　　（片落とし，円未満切り捨て）

貸付金額	貸付日
¥58,670,000	4月21日
¥12,350,000	5月15日
¥49,810,000	6月 6日

答

練習問題の解答

⒅ ¥103,006,574　⒆ ¥121,764,882

2. 手形割引の計算

手形割引の計算では，日数計算は両端入れ，割引料は円未満切り捨て，手形金額の¥100未満には割引料を計算しないのがふつうである。

割引料は，円未満切り捨てなので，ラウンドセレクターをCUT，小数点セレクターを0にセットして計算するとよい。

例題1　割引料を求める計算（その1）

5月20日満期，額面¥15,870,000の手形を3月13日に割引率年6.35％で割り引けば，割引料はいくらか。（両端入れ，円未満切り捨て）

〈解説〉割引料＝手形金額×割引率×$\dfrac{割引日数}{365}$

3/13～5/20（両端入れ）…69日

$¥15,870,000 × 0.0635 × \dfrac{69}{365} = ¥190,505$

答　　　　¥190,505

〈キー操作〉ラウンドセレクターをCUT，小数点セレクターを0にセット

15,870,000 ☒ ・ 0635 ☒ 69 ÷ 365 ☰

◆練習問題◆

(1) 10月18日満期，額面¥97,740,000の手形を8月6日に割引率年5.76％で割り引けば，割引料はいくらか。（両端入れ，円未満切り捨て）

答　　　　　　　　　　　

(2) 6月13日満期，額面¥18,640,000の手形を4月28日に割引率年3.84％で割り引けば，割引料はいくらか。（両端入れ，円未満切り捨て）

答　　　　　　　　　　　

例題2　手取金を求める計算（その1）

額面¥49,380,000の約束手形を7月16日に割引率年5.62％で割り引けば，手取金はいくらか。ただし，満期は9月11日とする。（両端入れ，割引料の円未満切り捨て）

〈解説〉割引料＝手形金額×割引率×$\dfrac{割引日数}{365}$

　　　手取金＝手形金額－割引料

7/16～9/11（両端入れ）…58日

$¥49,380,000 × 0.0562 × \dfrac{58}{365} = ¥440,983$

$¥49,380,000 - ¥440,983 = ¥48,939,017$

答　　　　¥48,939,017

〈キー操作〉ラウンドセレクターをCUT，小数点セレクターを0にセット

49,380,000 M+ ☒ ・ 0562 ☒ 58 ÷ 365 M- MR

練習問題の解答
(1) ¥1,141,388　　(2) ¥92,168

◆練習問題◆

(3) 7月25日満期，額面￥56,630,000の手形を5月19日に割引率年6.27%で割り引くと，手取金はいくらか。（両端入れ，割引料の円未満切り捨て）

答＿＿＿＿＿＿＿＿＿＿＿＿＿＿

(4) 5月30日満期，額面￥27,840,000の手形を3月3日に割引率年3.08%で割り引けば，手取金はいくらか。（両端入れ，割引料の円未満切り捨て）

答＿＿＿＿＿＿＿＿＿＿＿＿＿＿

例題3	割引料を求める計算（その2）

9月30日満期，額面￥5,021,980の手形を8月4日に割引率年2.85%で割り引くと，割引料はいくらか。ただし，手形金額の￥100未満には割引料を計算しないものとする。
（両端入れ，円未満切り捨て）

〈解説〉8/4～9/30（両端入れ）…58日

$$￥5,021,900 \times 0.0285 \times \frac{58}{365} = ￥22,743$$

答　　　　　　￥22,743

〈キー操作〉ラウンドセレクターを**CUT**，小数点セレクターを**0**にセット

5,021,900 ⊠ ・ 0285 ⊠ 58 ÷ 365 ＝

例題4	手取金を求める計算（その2）

10月10日満期，額面￥7,495,130の手形を8月15日に割引率年5.75%で割り引くと，手取金はいくらか。ただし，手形金額の￥100未満には割引料を計算しないものとする。
（両端入れ，割引料の円未満切り捨て）

〈解説〉8/15～10/10（両端入れ）…57日

$$￥7,495,100 \times 0.0575 \times \frac{57}{365} = ￥67,301$$

$$￥7,495,130 - ￥67,301 = ￥7,427,829$$

答　　　　￥7,427,829

〈キー操作〉ラウンドセレクターを**CUT**，小数点セレクターを**0**にセット

7,495,130 M+ ▶ ▶ 00 ⊠ ・ 0575 ⊠ 57 ÷ 365 M− MR

練習問題の解答

(3) ￥55,968,500　　(4) ￥27,630,918

(5) 5月3/日満期，額面¥7,803,/70の手形を3月2/日に割引率年5.94%で割り引く
と，割引料はいくらか。ただし，手形金額の¥/00未満には割引料を計算しないもの
とする。(両端入れ，円未満切り捨て)

答＿＿＿＿＿＿＿＿＿＿

(6) 6月/4日満期，額面¥/,297,680の手形を3月/6日に割引率年3.27%で割り引く
と，手取金はいくらか。ただし，手形金額の¥/00未満には割引料を計算しないもの
とする。(両端入れ，割引料の円未満切り捨て)

答＿＿＿＿＿＿＿＿＿＿

(7) 額面¥4,602,980の手形を7月7日に割引率年2.03%で割り引くと，割引料はい
くらか。ただし，満期は9月5日とし，手形金額の¥/00未満には割引料を計算しな
いものとする。(両端入れ，円未満切り捨て)

答＿＿＿＿＿＿＿＿＿＿

(8) 額面¥8,027,590の手形を6月/7日に割引率年/.73%で割り引くと，手取金はい
くらか。ただし，満期は8月25日とし，手形金額の¥/00未満には割引料を計算しな
いものとする。(両端入れ，割引料の円未満切り捨て)

答＿＿＿＿＿＿＿＿＿＿

3. 売買・損益の計算

　1級で出題される売買・損益の計算は，2級，3級の問題より多少複雑になり，貨幣換算や度量衡の換算を含む代価・建値の計算や，原価・予定売価・実売価・値引率・利益率などを求める問題が出題される。

例題1	代価を求める計算

　/0lbにつき$/38.70の商品を730lb買い入れた。支払代金は円でいくらか。ただし，
$/＝¥/27.40とする。(計算の最終で円未満4捨5入)

〈解説〉代価の計算は，単価に取引数量をかけ，度量衡や貨幣換算の単位を考えながら計算する。

$$代価＝単価×\frac{取引数量}{単位数量}$$

$$\$/38.70×\frac{730lb}{/0lb}＝\$/0,/25./0$$

$$¥/27.40×\$/0,/25./0＝¥/,289,938$$

答　　　　¥/,289,938

〈キー操作〉ラウンドセレクターを**5/4**，小数点セレクターを**0**にセット

　138.7 ÷ 10 × 730 × 127.4 ＝

練習問題の解答
　(5) ¥9/,430　(6) ¥/,287,/02　(7) ¥/5,6/5　(8) ¥8,000,957

/英トンにつき¥762,000の商品を50kg建にするといくらになるか。ただし, /英トン=/,0/6kgとする。

〈解説〉 $¥762,000 × \dfrac{50\text{kg}}{1,016\text{kg}} = ¥37,500$

答 $¥37,500$

〈キー操作〉 762,000 ✕ 50 ÷ 1,016 =

例題3 建値の計算

/0米ガロンにつき\$463.30の商品を50L建にすると円でいくらか。ただし, /米ガロン=3.785L, \$/=¥109.70とする。（計算の最終で円未満4捨5入）

〈解説〉 $\dfrac{\$463.30}{10\text{米ガロン}} × \dfrac{50\text{L}}{3.785\text{L}} × \dfrac{¥109.70}{\$1} = ¥67,139$

答 $¥67,139$

〈キー操作〉 ラウンドセレクターを5/4, 小数点セレクターを0にセット
463.3 ÷ 10 ✕ 50 ÷ 3.785 ✕ 109.7 =

◆練習問題◆

(1) /00米トンにつき\$48,900の商品を50kg建にすると円でいくらか。ただし, /米トン=907.2kg, \$/=¥109.60とする。（計算の最終で円未満4捨5入）

答

(2) 20米トンにつき\$8,735.40の商品を70kg建にすると円でいくらか。ただし, /米トン=907.2kg, \$/=¥108.20とする。（計算の最終で円未満4捨5入）

答

(3) 40lbにつき£34.70の商品を20kg建にすると円でいくらか。ただし, /lb=0.4536kg, £/=¥152.60とする。（計算の最終で円未満4捨5入）

答

(4) 40ydにつき£52.60の商品を30m建にすると円でいくらか。ただし, /yd=0.9/44m, £/=¥148.17とする。（計算の最終で円未満4捨5入）

答

練習問題の解答
(1) ¥2,954　(2) ¥3,646　(3) ¥5,837　(4) ¥6,393

例題4 原価から実売価，実売価から予定売価を求める計算

　　原価￥650,000の商品を予定売価の5%引きで売っても，なお，原価の14%の利益を得たい。予定売価をいくらにすればよいか。

〈解説〉まず，原価から実売価を求め，実売価から逆算して予定売価を求める。

実売価＝原価×（1＋利益率）

予定売価＝実売価÷（1－値引率）

予定売価を x とする。

$$x \times (1 - 0.05) = ￥650,000 \times (1 + 0.14)$$
$$0.95x = ￥741,000$$
$$x = ￥780,000$$

答　　　　　　￥780,000

〈キー操作〉 1 [−] [・] 05 [M+] 650,000 [×] 1.14 [÷] [MR] [=]

◆練習問題◆

(5) 原価￥495,000の商品を販売するとき，予定売価の10%引きで売っても，なお，原価の17%の利益を得たい。予定売価をいくらにすればよいか。

答　　　　　　　　　　

(6) 原価￥680,000の商品を販売するとき，予定売価の8%引きで売っても，なお，原価の15%の利益を得たい。予定売価をいくらにすればよいか。

答　　　　　　　　　　

例題5 利益額・値引額から原価を求める計算

　　ある商品に原価の28%の利益をみて予定売価をつけ，予定売価から￥17,900値引きして販売した。利益額が￥82,900であれば，この商品の原価はいくらであったか。

〈解説〉利益額から値引きする前の予定売価の中に含まれる利益額を求め，逆算して原価を計算する。

利益額＝原価×利益率

原　価＝利益額÷利益率

原価を x とする。

$$x \times (1 + 0.28) - ￥17,900 = x + ￥82,900$$
$$1.28x - x = ￥82,900 + ￥17,900$$
$$0.28x = ￥100,800$$
$$x = ￥360,000$$

または，$(￥82,900 + ￥17,900) \div 0.28 = ￥360,000$

答　　　　　　￥360,000

〈キー操作〉 1.28 [−] 1 [M+] 17,900 [+] 82,900 [÷] [MR] [=]

練習問題の解答
　(5) ￥643,500　　(6) ￥850,000

13

例題6　利益率・値引率から原価を求める計算

ある商品に原価の/8%の利益を見込んで予定売価をつけたが，予定売価の/2%引きで販売したところ，利益額が¥34,560になった。この商品の原価はいくらであったか。

〈解説〉原価を x とする。

$$x \times (1 + 0.18) \times (1 - 0.12) = x + ¥34,560$$
$$1.0384x = x + ¥34,560$$
$$1.0384x - x = ¥34,560$$
$$0.0384x = ¥34,560$$
$$x = ¥900,000$$

答　　　　　　　¥900,000

〈キー操作〉 1 ⊟ • 12 ⊠ 1.18 ⊟ 1 M+ 34,560 ÷ MR =

◆練習問題◆

(7) ある商品に原価の35%の利益をみて予定売価をつけたが，予定売価から¥22,500値引きしたので利益額が原価の27.5%になった。この商品の原価はいくらであったか。

答　　　　　　　　

(8) ある商品に原価の28%の利益をみて予定売価をつけたが，予定売価の/5%引きで販売したので¥47,520の利益となった。この商品の原価はいくらであったか。

答　　　　　　　　

(9) ある商品に原価の20.5%の利益を見込んで予定売価をつけたが，予定売価の/8%引きで販売したので¥3,451の損失となった。この商品の原価はいくらであったか。

答　　　　　　　　

(10) ある商品に原価の¥121,600の利益を見込んで予定売価をつけたが，予定売価の/割5分引きで販売したところ，原価の/割2分2厘の利益となった。この商品の原価はいくらであったか。

答　　　　　　　　

(11) 原価の3割2分の利益を見込んで予定売価をつけ，予定売価から¥613,800値引きして販売したところ，原価の7分6厘の損失となった。実売価はいくらであったか。

答　　　　　　　　

(12) ある商品を予定売価から¥540,000値引きして販売したところ，原価の2分の利益となった。値引額が予定売価の/割5分にあたるとすれば，原価はいくらであったか。

答

⒀　ある商品を予定売価の3割/分引きで販売したところ, 原価の/割5分の利益を得た。
値引額が¥381,300だとすれば, 原価はいくらであったか。

答＿＿＿＿＿＿＿＿＿＿＿

⒁　ある商品を予定売価から¥432,000値引きして販売したところ, 原価の/2.5％の
利益となった。値引額が予定売価の5％にあたるとすれば, 利益額はいくらであったか。

答＿＿＿＿＿＿＿＿＿＿＿

⒂　ある商品を予定売価から¥906,000値引きして販売したところ, 原価の4分の損失
となった。値引額が予定売価の2割にあたるとすれば, 損失額はいくらであったか。

答＿＿＿＿＿＿＿＿＿＿＿

例題7　利益率・値引率を求める計算

　原価に23％の利益をみて¥405,900の予定売価をつけた商品を, 予定売価から¥49,500値引き
して売った。利益額は原価の何パーセントか。

〈解説〉利益率は仕入原価に対する利益額の割合を表す。

　原　　価＝予定売価÷（1＋利益率）
　利益額＝実売価－原価
　利益率＝利益額÷原価
　値引率＝値引額÷予定売価
　¥405,900÷（/＋0.23）＝¥330,000（原価）
　¥405,900－¥49,500＝¥356,400（実売価）
　¥356,400－¥330,000＝¥26,400（利益額）
　¥26,400÷¥330,000＝0.08

答　　　　　　8％

〈キー操作〉405,900 ÷ 1.23 M+ 405,900 − 49,500 − MR ÷ MR ％

◆練習問題◆

⒃　原価に26％の利益をみて¥352,800の予定売価をつけた商品を, 予定売価から
¥16,800値引きして売却した。利益額は原価の何パーセントにあたるか。

答＿＿＿＿＿＿＿＿＿＿＿

⒄　¥931,500で販売すると原価の/5％の利益がある商品を¥891,000で販売した
い。利益額は原価の何パーセントにあたるか。

答＿＿＿＿＿＿＿＿＿＿＿

⒅　ある商品に原価の28％の利益を見込んで予定売価をつけたが, 予定売価から
¥412,100値引きして販売したところ, ¥1,363,100の利益となった。利益額は原
価の何パーセントであったか。パーセントの小数第/位まで求めよ。

答＿＿＿＿＿＿＿＿＿＿＿

練習問題の解答
　⒀ ¥738,000　　⒁ ¥9/2,000　　⒂ ¥/5/,000　　⒃ 20％　　⒄ /0％　　⒅ 2/.5％

⑲　ある商品に原価の3割5分の利益を見込んで予定売価をつけたが，予定売価から
　¥132,800値引きして販売したところ，利益額が¥147,200となった。利益額は原
　価の何割何分何厘か。

答＿＿＿＿＿＿＿＿＿＿

⑳　ある商品に原価の4割2分の利益を見込んで予定売価をつけたが，予定売価から
　¥2,345,300値引きして販売したところ，実売価が¥4,328,700となった。損失額
　は原価の何分何厘か。

答＿＿＿＿＿＿＿＿＿＿

㉑　ある商品を予定売価から¥235,200値引きして販売したところ，原価の16%にあ
　たる¥156,800の利益となった。予定売価は原価の何パーセント増しであったか。

答＿＿＿＿＿＿＿＿＿＿

㉒　ある商品を予定売価から値引きして¥7,976,400で販売したところ，原価の
　15.6%の利益となった。原価の36%の利益を見込んで予定売価をつけていたとすれ
　ば，値引額は予定売価の何パーセントであったか。

答＿＿＿＿＿＿＿＿＿＿

例題8　分割販売による実売価の総額を求める計算

　原価¥640,000の商品に原価の2割8分の利益をみて予定売価をつけたが，この商品のうち半分は
予定売価どおりで販売し，残り全部は市価下落のため，予定売価の1割5分引きで販売した。実売価
の総額はいくらか。

〈解説〉

$$¥640,000 \times (1+0.28) \times \frac{1}{2} = ¥409,600$$

$$¥640,000 \times (1+0.28) \times \frac{1}{2} \times (1-0.15) = ¥348,160$$

$$¥409,600 + ¥348,160 = ¥757,760$$

答＿＿＿＿＿¥757,760＿＿＿＿

〈キー操作〉640,000 ⊠ 1.28 ÷ 2 ＝ M+ 1 － ・ 15 ⊠ MR ＝ GT

◆練習問題◆

㉓　原価¥750,000の商品に原価の34%の利益をみて予定売価をつけたが，この商品
　のうち半分は予定売価の14%引きで販売し，残り全部は予定売価どおりで販売した。
　実売価の総額はいくらか。

答＿＿＿＿＿＿＿＿＿＿

㉔　原価¥850,000の商品に原価の23%の利益をみて予定売価をつけたが，この商品
　のうち$\frac{1}{3}$は予定売価の10%引きで販売し，残り全部は予定売価どおりで販売した。
　利益額はいくらになるか。

答＿＿＿＿＿＿＿＿＿＿

練習問題の解答
　⑲ 1割8分4厘　　⑳ 7分9厘　　㉑ 40%（増し）　　㉒ 15%　　㉓ ¥934,650　　㉔ ¥160,650

⒆ 原価¥3,620,000の商品を仕入れ、諸掛り¥180,000を支払った。この商品に諸
掛込原価の2割6分の利益をみて予定売価をつけ、全体の$\frac{2}{3}$は予定売価の9掛で販売
し、残り全部は予定売価の8掛半で販売した。実売価の総額はいくらであったか。

答＿＿＿＿＿＿＿＿＿＿＿＿＿

⒇ 原価¥7,500,000の商品を仕入れ、諸掛り¥450,000を支払った。この商品に諸
掛込原価の2割9分の利益を見込んで予定売価をつけ、全体の$\frac{1}{3}$は予定売価の1割6分
引きで販売し、残り全部は予定売価から¥1,376,940値引きして販売した。この商
品全体の利益額はいくらか。

答＿＿＿＿＿＿＿＿＿＿＿＿＿

⒇ 1本につき¥6,500の商品を45ダース仕入れ、諸掛り¥170,000を支払った。こ
の商品に諸掛込原価の34％の利益を見込んで予定売価をつけたが、全体の半分は予
定売価の15％引きで販売し、残り全部は予定売価から¥377,200値引きして販売し
た。この商品全体の利益額はいくらか。

答＿＿＿＿＿＿＿＿＿＿＿＿＿

⒇ 30kgにつき¥46,500の商品を3,600kg仕入れ、諸掛り¥270,000を支払った。
この商品に諸掛込原価の4割4分の利益を見込んで予定売価をつけたが、全体の$\frac{1}{4}$は
予定売価から2割8分引きで販売し、残り全部は予定売価から¥923,070値引きして
販売した。実売価の総額はいくらか。

答＿＿＿＿＿＿＿＿＿＿＿＿＿

4. 仲立人の手数料の計算

　売買取引に際して、売り主と買い主の間に立って取り次ぎ・斡旋をする人を**仲立人**という。この仲立人は、
売り主・買い主の双方から、報酬として売買価額に対する割合で手数料を受け取ることになる。

　1級では、売買価額を求めてから、売り主の手取金、買い主の支払総額、仲立人の手数料合計、手数料率
を求める問題が出題される。

売り主の手取金＝売買価額×（1－売り主の手数料率）

買い主の支払総額＝売買価額×（1＋買い主の手数料率）

仲立人の手数料合計＝売買価額×（売り主の手数料率＋買い主の手数料率）

例題1	売り主の手取金を求める計算

　仲立人が売り主から3.24％、買い主から3.16％の手数料を受け取る約束で商品の売買を仲介した
ところ、仲立人が得た手数料合計が¥2,265,600であった。売り主の手取金はいくらであったか。

〈解説〉

　¥2,265,600÷（0.0324＋0.0316）＝¥35,400,000（売買価額）

　¥35,400,000×（1－0.0324）＝¥34,253,040

答　　　　¥34,253,040

〈キー操作〉 ・ 0324 ＋ ・ 0316 M+ 2,265,600 ÷ MR ＝ 1 － ・ 0324 × GT ＝

例題2　買い主の支払総額を求める計算

仲立人が売り主から2.35％，買い主から2.29％の手数料を受け取る約束で商品の売買を仲介したところ，売り主の手取金が¥89,447,400であった。買い主の支払総額はいくらであったか。

〈解説〉

¥89,447,400÷（1−0.0235）＝¥91,600,000（売買価額）

¥91,600,000×（1＋0.0229）＝¥93,697,640

答　　　¥93,697,640

〈キー操作〉 1 ─ ・ 0235 M+ 89,447,400 ÷ MR ＝ 1 ＋ ・ 0229 × GT ＝

例題3　仲立人の手数料合計を求める計算

仲立人が売り主から1.35％，買い主から1.34％の手数料を受け取る約束で商品の売買を仲介したところ，買い主の支払総額が¥26,652,420であった。仲立人の受け取った手数料の合計額はいくらであったか。

〈解説〉

¥26,652,420÷（1＋0.0134）＝¥26,300,000（売買価額）

¥26,300,000×（0.0135＋0.0134）＝¥707,470

答　　　¥707,470

〈キー操作〉 1 ＋ ・ 0134 M+ 26,652,420 ÷ MR ＝ ・ 0135 ＋ ・ 0134 × GT ＝

例題4　仲立人の手数料率を求める計算

仲立人がある商品の売買を仲介したところ，売り主の手取金が売買価額の4.25％の手数料を差し引いて¥75,834,000であった。買い主の支払った手数料が¥3,049,200であれば，買い主の支払った手数料は売買価額の何パーセントであったか。パーセントの小数第2位まで求めよ。

〈解説〉

¥75,834,000÷（1−0.0425）＝¥79,200,000（売買価額）

¥3,049,200÷¥79,200,000＝0.0385

答　　　3.85％

〈キー操作〉 1 ─ ・ 0425 M+ 75,834,000 ÷ MR ＝ 3,049,200 ÷ GT ％

◆練習問題◆

(1) 仲立人が売り主から2.76%，買い主から2.54%の手数料を受け取る約束で商品の売買を仲介したところ，仲立人が得た手数料合計が¥2,745,400であった。売り主の手取金はいくらであったか。

答_____

(2) 仲立人が売り主から1.28%，買い主から1.23%の手数料を受け取る約束で商品の売買を仲介したところ，仲立人の手数料合計が¥1,222,370であった。買い主の支払総額はいくらであったか。

答_____

(3) 仲立人が売り主から3.41%，買い主から3.27%の手数料を受け取る約束で商品の売買を仲介したところ，売り主の手取金が¥61,721,010であった。仲立人の受け取った手数料の合計額はいくらであったか。

答_____

(4) 仲立人が売り主から2.89%，買い主から2.65%の手数料を受け取る約束で商品の売買を仲介したところ，売り主の手取金が¥26,316,810であった。買い主の支払総額はいくらであったか。

答_____

(5) 仲立人が売り主から4.02%，買い主から3.86%の手数料を受け取る約束で商品の売買を仲介したところ，買い主の支払総額が¥97,005,240であった。仲立人の受け取った手数料の合計額はいくらであったか。

答_____

(6) 仲立人が売り主から1.92%，買い主から1.83%の手数料を受け取る約束で商品の売買を仲介したところ，買い主の支払総額が¥53,664,410であった。売り主の手取金はいくらであったか。

答_____

(7) 仲立人がある商品の売買を仲介したところ，売り主の手取金が売買価額の3.97%の手数料を差し引いて¥74,231,190であった。買い主の支払った手数料が¥2,891,020であれば，買い主の支払った手数料は売買価額の何パーセントであったか。パーセントの小数第2位まで求めよ。

答_____

(8) 仲立人がある商品の売買を仲介したところ，買い主の支払総額が売買価額の2.06%の手数料を含めて¥87,975,720であった。売り主の支払った手数料が¥1,887,780であれば，売り主の支払った手数料は売買価額の何パーセントにあたるか。パーセントの小数第2位まで求めよ。

答_____

練習問題の解答

(1) ¥50,370,320　(2) ¥49,299,010　(3) ¥4,268,520　(4) ¥27,818,150　(5) ¥7,359,920

(6) ¥51,688,160　(7) 3.74%　(8) 2.19%

19

2. 複利の計算

　一定期間ごとの元利合計を，次期の元金として利息を計算する方法を**複利法**という。1級では，端数期間がある問題も出題される。

1. 複利終価・利息・現価の計算（巻頭の数表を用いる）

例題1　複利終価を求める計算（1年1期）

　¥38,420,000を年利率5%，1年1期の複利で6年間貸すと，複利終価はいくらか。（円未満4捨5入）

〈解説〉複利終価＝元金×（1＋利率）^{期数}

　　（1＋利率）^{期数}の値を**複利終価率**という。

　　　　複利終価＝元金×複利終価率

　　5%，6期の複利終価率…1.34009564

　　¥38,420,000×1.34009564＝¥51,486,474

答　　　　　¥51,486,474

〈キー操作〉ラウンドセレクターを5/4，小数点セレクターを0にセット

　　38,420,000 ✕ 1.34009564 ＝

◆練習問題◆

(1) 元金¥37,150,000を年利率7%，1年1期の複利で14年間借りると，複利終価はいくらか。（円未満4捨5入）

答

(2) 元金¥56,780,000を年利率3.5%，1年1期の複利で8年間貸した。期日に受け取る元利合計はいくらか。（円未満4捨5入）

答

例題2　複利終価を求める計算（半年1期）

　¥89,370,000を年利率6%，半年1期の複利で3年6か月間貸すと，複利終価はいくらか。（円未満4捨5入）

〈解説〉3%，7期の複利終価率…1.22987387

　　¥89,370,000×1.22987387＝¥109,913,828

答　　　　　¥109,913,828

〈キー操作〉ラウンドセレクターを5/4，小数点セレクターを0にセット

　　89,370,000 ✕ 1.22987387 ＝

◆練習問題◆

(3) 元金¥43,560,000を年利率7%，半年1期の複利で3年間借りると，複利終価はいくらか。（円未満4捨5入）

答

(4) 元金¥57,430,000を年利率5%，半年1期の複利で8年6か月間貸し付けると，複利終価はいくらか。（円未満4捨5入）

答

練習問題の解答

　　(1) ¥95,792,544　　(2) ¥74,768,417　　(3) ¥53,546,362　　(4) ¥87,386,537

¥61,890,000を年利率3%, 1年1期の複利で8年間貸すと, 複利利息はいくらか。(円未満4捨5入)

〈解説〉複利利息＝複利終価－元金

複利利息＝元金×{(1＋利率)^{期数}－1}

複利利息＝元金×(複利終価率－1)

3%, 8期の複利終価率…1.26677008

¥61,890,000×(1.26677008－1)＝¥16,510,400　　　　　　　答　　　¥16,510,400

〈キー操作〉ラウンドセレクターを5/4, 小数点セレクターを0にセット

1.26677008 □ 1 ☒ 61,890,000 ＝

◆練習問題◆

(5) 元金¥10,680,000を年利率2.5%, 1年1期の複利で12年間借りると, 複利利息はいくらか。(円未満4捨5入)

答＿＿＿＿＿＿＿＿＿＿

(6) 元金¥67,340,000を年利率4%, 半年1期の複利で5年6か月間貸し付けると, 複利利息はいくらか。(円未満4捨5入)

答＿＿＿＿＿＿＿＿＿＿

15年後に¥79,420,000を得たい。1年1期の複利で年利率4%とすれば, いま, いくら投資すればよいか。(円未満4捨5入)

〈解説〉複利現価＝期日受払高×$\dfrac{1}{(1＋利率)^{期数}}$

$\dfrac{1}{(1＋利率)^{期数}}$の値を複利現価率という。

複利現価＝期日受払高×複利現価率

4%, 15期の複利現価率…0.55526450

¥79,420,000×0.55526450＝¥44,099,107　　　　　　　答　　　¥44,099,107

〈キー操作〉ラウンドセレクターを5/4, 小数点セレクターを0にセット

79,420,000 ☒ ・ 55526450 ＝

◆練習問題◆

(7) 4年6か月後に支払う負債¥30,510,000の複利現価はいくらか。ただし, 年利率8%, 半年1期の複利とする。(円未満4捨5入)

答＿＿＿＿＿＿＿＿＿＿

(8) 13年後に支払う負債¥97,690,000を年利率3.5%, 1年1期の複利で割り引いて, いま支払うとすれば支払額はいくらか。(円未満4捨5入)

答＿＿＿＿＿＿＿＿＿＿

(9) 19年後に返済する負債¥17,580,000を年利率5.5%, 1年1期の複利で割り引いて, いま支払うとすれば複利現価はいくらか。(円未満4捨5入)

答＿＿＿＿＿＿＿＿＿＿

練習問題の解答

(5) ¥3,683,413　　(6) ¥16,388,826　　(7) ¥21,435,921　　(8) ¥62,463,391　　(9) ¥6,356,560

2. 端数期間がある場合の計算 （巻頭の数表を用いる）

例題1　複利終価・複利利息を求める計算

元金¥32,460,000を年利率4.5%，/年/期の複利で9年3か月間貸し付けると，期日に受け取る元利合計はいくらか。ただし，端数期間は単利法による。（計算の最終で円未満4捨5入）

〈解説〉4.5%，9期の複利終価率…1.48609514

$$¥32,460,000 \times 1.48609514 \times \left(1 + 0.045 \times \frac{3}{12}\right) = ¥48,781,333$$

答　　　¥48,781,333

〈キー操作〉 $\cdot$ 045 $\times$ 3 $\div$ 12 $+$ 1 MⳈ 32,460,000 $\times$ 1.48609514 $\times$ MR $=$

〈注意〉問題の指示どおりに端数処理を行う。

例題2　複利現価を求める計算

3年4か月後に支払う負債¥87,320,000を，年利率6%，半年/期の複利で割り引いて，いま支払えばその金額はいくらか。ただし，端数期間は真割引による。（計算の最終で¥100未満切り上げ）

〈解説〉真割引とは割引料の計算方法の一つで，期日受払高から現価を算出し，その現価を期日受払高から差し引いた金額を割引料とするものである。

複利現価＝期日受払高×複利現価率÷（1＋利率×端数期間）

3%，6期の複利現価率…0.83748426

$$¥87,320,000 \times 0.83748426 \div \left(1 + 0.03 \times \frac{4}{6}\right) = ¥71,695,300 （¥100未満切り上げ）$$

答　　　¥71,695,300

〈キー操作〉 $\cdot$ 03 $\times$ 4 $\div$ 6 $+$ 1 MⳈ 87,320,000 $\times$ $\cdot$ 83748426 $\div$ MR $=$

〈注意〉問題の指示どおりに端数処理を行う。

◆練習問題◆

(1) 元金¥17,290,000を年利率7%，半年/期の複利で3年3か月間貸し付けると，期日に受け取る元利合計はいくらか。ただし，端数期間は単利法による。
（計算の最終で円未満4捨5入）

答　　　　　　　　　

(2) 元金¥56,480,000を年利率5%，/年/期の複利で/2年9か月間貸し付けると，複利利息はいくらか。ただし，端数期間は単利法による。
（計算の最終で円未満4捨5入）

答　　　　　　　　　

(3) 7年6か月後に支払う負債¥84,060,000を年利率6%，/年/期の複利で割り引いて，いま支払うとすればその金額はいくらか。ただし，端数期間は真割引による。
（計算の最終で¥100未満切り上げ）

答　　　　　　　　　

(4) 8年3か月後に支払う負債¥35,710,000を年利率5%，半年/期の複利で割り引いて，いま支払うとすればその金額はいくらか。ただし，端数期間は真割引による。
（計算の最終で¥100未満切り上げ）

答　　　　　　　　　

練習問題の解答

(1) ¥21,625,767　　(2) ¥48,753,589　　(3) ¥54,276,500　　(4) ¥23,758,200

3. 減価償却費の計算

建物・備品・機械などの固定資産は，時の経過や使用によって価値が減少する。この減少額を各年度に費用として計上し，その固定資産の帳簿価額から差し引いていくことを**減価償却**という。

取得価額……固定資産の買入価額

耐用年数……固定資産が使用に耐える推定年数

1級では，**定額法・定率法**が数題出題される。

1. 定額法による計算（巻頭の数表を用いる）

例題1　減価償却計算表の作成

取得価額¥37,180,000　耐用年数20年の固定資産を定額法で減価償却するとき，減価償却計算表の第4期末まで記入せよ。ただし，決算は年1回，残存簿価¥1とする。

〈解説〉

毎期償却限度額＝取得価額×定額法の償却率

耐用年数20年の定額法償却率…0.050

¥37,180,000	（第1期首帳簿価額）
¥37,180,000×0.050＝¥1,859,000	（毎期償却限度額）
¥37,180,000－¥1,859,000＝¥35,321,000	（第2期首帳簿価額）
¥35,321,000－¥1,859,000＝¥33,462,000	（第3期首帳簿価額）
¥33,462,000－¥1,859,000＝¥31,603,000	（第4期首帳簿価額）
¥1,859,000	（第1期末減価償却累計額）
¥1,859,000＋¥1,859,000＝¥3,718,000	（第2期末減価償却累計額）
¥3,718,000＋¥1,859,000＝¥5,577,000	（第3期末減価償却累計額）
¥5,577,000＋¥1,859,000＝¥7,436,000	（第4期末減価償却累計額）

減価償却計算表

期数	期首帳簿価額	償却限度額	減価償却累計額
1	37,180,000	1,859,000	1,859,000
2	35,321,000	1,859,000	3,718,000
3	33,462,000	1,859,000	5,577,000
4	31,603,000	1,859,000	7,436,000

〈キー操作〉[　　]は電卓の表示窓の数字

37,180,000 [37,180,000]	（第1期首帳簿価額）
✕ ・ 05 M+ [1,859,000]	（毎期償却限度額）
－ － 37,180,000 ＝ [35,321,000]	（第2期首帳簿価額）
＝ [33,462,000]	（第3期首帳簿価額）
＝ [31,603,000]	（第4期首帳簿価額）
MR [1,859,000]	（第1期末減価償却累計額）
＋ ＋ ＝ [3,718,000]	（第2期末減価償却累計額）
＝ [5,577,000]	（第3期末減価償却累計額）
＝ [7,436,000]	（第4期末減価償却累計額）

◆練習問題◆

(1) 取得価額¥16,240,000 耐用年数15年の固定資産を定額法で減価償却するとき，次の減価償却計算表の第4期末まで記入せよ。ただし，決算は年1回，残存簿価¥1とする。

期数	期首帳簿価額	償却限度額	減価償却累計額
1			
2			
3			
4			

(2) 取得価額¥53,780,000 耐用年数35年の固定資産を定額法で減価償却するとき，次の減価償却計算表の第4期末まで記入せよ。ただし，決算は年1回，残存簿価¥1とする。

期数	期首帳簿価額	償却限度額	減価償却累計額
1			
2			
3			
4			

例題2　減価償却累計額を求める計算

取得価額¥69,350,000 耐用年数22年の固定資産を定額法で減価償却すれば，第8期末減価償却累計額はいくらになるか。ただし，決算は年1回，残存簿価¥1とする。

〈解説〉耐用年数22年の定額法償却率…0.046

¥69,350,000×0.046＝¥3,190,100　　　　　　　　　　　　（毎期償却限度額）

¥3,190,100×8＝¥25,520,800　　　　　　　　　　　　　（第8期末減価償却累計額）

答　　　¥25,520,800

〈キー操作〉69,350,000 ☒ ・ 046 ☒ 8 ＝

練習問題の解答

(1)

期数	期首帳簿価額	償却限度額	減価償却累計額
1	16,240,000	1,088,080	1,088,080
2	15,151,920	1,088,080	2,176,160
3	14,063,840	1,088,080	3,264,240
4	12,975,760	1,088,080	4,352,320

(2)

期数	期首帳簿価額	償却限度額	減価償却累計額
1	53,780,000	1,559,620	1,559,620
2	52,220,380	1,559,620	3,119,240
3	50,660,760	1,559,620	4,678,860
4	49,101,140	1,559,620	6,238,480

取得価額￥48,630,000　耐用年数18年の固定資産を定額法で減価償却すれば，第6期首帳簿価額はいくらになるか。ただし，決算は年1回，残存簿価￥1とする。

〈解説〉 耐用年数18年の定額法償却率…0.056

￥48,630,000×0.056＝￥2,723,280　　　　　　　　　　（毎期償却限度額）

￥2,723,280×5＝￥13,616,400　　　　　　　　　　（第5期末減価償却累計額）

￥48,630,000－￥13,616,400＝￥35,013,600　　　　　（第6期首帳簿価額）

答　　　￥35,013,600

〈キー操作〉 48,630,000 [M+] [×] [・] 056 [×] 5 [M−] [MR]

◆練習問題◆

(3)　取得価額￥81,460,000　耐用年数26年の固定資産を定額法で減価償却すれば，第9期末減価償却累計額はいくらになるか。ただし，決算は年1回，残存簿価￥1とする。

答

(4)　取得価額￥23,270,000　耐用年数17年の固定資産を定額法で減価償却すれば，第15期首帳簿価額はいくらになるか。ただし，決算は年1回，残存簿価￥1とする。

答

(5)　取得価額￥30,940,000　耐用年数24年の固定資産を定額法で減価償却すれば，第13期末減価償却累計額はいくらになるか。ただし，決算は年1回，残存簿価￥1とする。

答

(6)　取得価額￥74,620,000　耐用年数9年の固定資産を定額法で減価償却すれば，第7期首帳簿価額はいくらになるか。ただし，決算は年1回，残存簿価￥1とする。

答

練習問題の解答

　(3) ￥28,592,460　　(4) ￥4,048,980　　(5) ￥16,893,240　　(6) ￥24,475,360

2. 定率法による計算（巻頭の数表を用いる）

例題1　減価償却計算表の作成

　取得価額¥1,250,000　耐用年数8年の固定資産を定率法で減価償却するとき，減価償却計算表の第4期末まで記入せよ。ただし，決算は年/回，残存簿価¥/とする。
（毎期償却限度額の円未満切り捨て）

〈解説〉

毎期償却限度額＝毎期首帳簿価額×定率法の償却率

耐用年数8年の定率法償却率…0.250

¥1,250,000	（第1期首帳簿価額）
¥1,250,000×0.250＝¥312,500	（第1期末償却限度額）
¥312,500	（第1期末減価償却累計額）
¥1,250,000−¥312,500＝¥937,500	（第2期首帳簿価額）
¥937,500×0.250＝¥234,375	（第2期末償却限度額）
¥312,500＋¥234,375＝¥546,875	（第2期末減価償却累計額）
¥937,500−¥234,375＝¥703,125	（第3期首帳簿価額）
¥703,125×0.250＝¥175,781	（第3期末償却限度額）
¥546,875＋¥175,781＝¥722,656	（第3期末減価償却累計額）
¥703,125−¥175,781＝¥527,344	（第4期首帳簿価額）
¥527,344×0.250＝¥131,836	（第4期末償却限度額）
¥722,656＋¥131,836＝¥854,492	（第4期末減価償却累計額）

減価償却計算表

期数	期首帳簿価額	償却限度額	減価償却累計額
1	1,250,000	312,500	312,500
2	937,500	234,375	546,875
3	703,125	175,781	722,656
4	527,344	131,836	854,492

〈キー操作〉［　　］は電卓の表示窓の数字

ラウンドセレクターを**CUT**，小数点セレクターを**0**にセット

1,250,000 M+ ［1,250,000］	（第1期首帳簿価額）
× ・ 25 ＝ M− ［312,500］	（第1期末償却限度額）
GT ［312,500］	（第1期末減価償却累計額）
MR ［937,500］	（第2期首帳簿価額）
× ・ 25 ＝ M− ［234,375］	（第2期末償却限度額）
GT ［546,875］	（第2期末減価償却累計額）
MR ［703,125］	（第3期首帳簿価額）
× ・ 25 ＝ M− ［175,781］	（第3期末償却限度額）
GT ［722,656］	（第3期末減価償却累計額）
MR ［527,344］	（第4期首帳簿価額）
× ・ 25 ＝ M− ［131,836］	（第4期末償却限度額）
GT ［854,492］	（第4期末減価償却累計額）

◆練習問題◆

(1) 取得価額¥98,260,000　耐用年数8年の固定資産を定率法で減価償却するとき，
次の減価償却計算表の第4期末まで記入せよ。ただし，決算は年/回，残存簿価¥/と
する。（毎期償却限度額の円未満切り捨て）

期数	期首帳簿価額	償却限度額	減価償却累計額
1			
2			
3			
4			

(2) 取得価額¥24,370,000　耐用年数/3年の固定資産を定率法で減価償却するとき，
次の減価償却計算表の第4期末まで記入せよ。ただし，決算は年/回，残存簿価¥/と
する。（毎期償却限度額の円未満切り捨て）

期数	期首帳簿価額	償却限度額	減価償却累計額
1			
2			
3			
4			

練習問題の解答

(1)

期数	期首帳簿価額	償却限度額	減価償却累計額
1	98,260,000	24,565,000	24,565,000
2	73,695,000	18,423,750	42,988,750
3	55,271,250	13,817,812	56,806,562
4	41,453,438	10,363,359	67,169,921

(2)

期数	期首帳簿価額	償却限度額	減価償却累計額
1	24,370,000	3,752,980	3,752,980
2	20,617,020	3,175,021	6,928,001
3	17,441,999	2,686,067	9,614,068
4	14,755,932	2,272,413	11,886,481

取得価額¥67,180,000　耐用年数12年の固定資産を定率法で減価償却すれば，第4期首帳簿価額はいくらになるか。ただし，決算は年1回，残存簿価¥1とする。（毎期償却限度額の円未満切り捨て）

〈解説〉耐用年数12年の定率法償却率…0.167

¥67,180,000×0.167＝¥11,219,060　　　　　　　　　（第1期末償却限度額）

¥67,180,000－¥11,219,060＝¥55,960,940　　　　　　（第2期首帳簿価額）

¥55,960,940×0.167＝¥9,345,476　　　　　　　　　　（第2期末償却限度額）

¥55,960,940－¥9,345,476＝¥46,615,464　　　　　　　（第3期首帳簿価額）

¥46,615,464×0.167＝¥7,784,782　　　　　　　　　　（第3期末償却限度額）

¥46,615,464－¥7,784,782＝¥38,830,682　　　　　　　（第4期首帳簿価額）

答　　¥38,830,682

〈キー操作〉ラウンドセレクターをCUT，小数点セレクターを0にセット

67,180,000 M+ × ・ 167 = M- MR × ・ 167 = M- MR × ・ 167 = M- MR

または，

67,180,000 M+ ・ 167 × × MR M- MR M- MR M- MR

◆練習問題◆

(3)　取得価額¥87,050,000　耐用年数15年の固定資産を定率法で減価償却すれば，第4期首帳簿価額はいくらになるか。ただし，決算は年1回，残存簿価¥1とする。（毎期償却限度額の円未満切り捨て）

答　　　　　　　　　　　　

(4)　取得価額¥76,420,000　耐用年数7年の固定資産を定率法で減価償却すれば，第5期首帳簿価額はいくらになるか。ただし，決算は年1回，残存簿価¥1とする。（毎期償却限度額の円未満切り捨て）

答　　　　　　　　　　　　

取得価額¥59,630,000　耐用年数8年の固定資産を定率法で減価償却すれば，第3期末減価償却累計額はいくらになるか。ただし，決算は年1回，残存簿価¥1とする。（毎期償却限度額の円未満切り捨て）

〈解説〉耐用年数8年の定率法償却率…0.250

¥59,630,000×0.250＝¥14,907,500　　　（第1期末償却限度額）・（第1期末減価償却累計額）

¥59,630,000－¥14,907,500＝¥44,722,500　　　　　　（第2期首帳簿価額）

¥44,722,500×0.250＝¥11,180,625　　　　　　　　　　（第2期末償却限度額）

¥14,907,500＋¥11,180,625＝¥26,088,125　　　　　　（第2期末減価償却累計額）

¥44,722,500－¥11,180,625＝¥33,541,875　　　　　　（第3期首帳簿価額）

¥33,541,875×0.250＝¥8,385,468　　　　　　　　　　（第3期末償却限度額）

¥26,088,125＋¥8,385,468＝¥34,473,593　　　　　　（第3期末減価償却累計額）

答　　¥34,473,593

練習問題の解答

(3) ¥56,731,736　　(4) ¥19,860,945

〈キー操作〉ラウンドセレクターをCUT，小数点セレクターを0にセット

59,630,000 [M+] [×] [・] 25 [=] [M-] [MR] [×] [・] 25 [=] [M-] [MR] [×] [・] 25 [=] [GT]

または，

59,630,000 [M+] [・] 25 [×] [×] [MR] [M-] [MR] [M-] [MR] [M-] [MR] [-] 59,630,000 [=] [%]

◆練習問題◆

(5) 取得価額￥91,740,000　耐用年数19年の固定資産を定率法で減価償却すれば，第3期末減価償却累計額はいくらになるか。ただし，決算は年1回，残存簿価￥1とする。（毎期償却限度額の円未満切り捨て）

答 _____

(6) 取得価額￥69,530,000　耐用年数16年の固定資産を定率法で減価償却すれば，第4期末減価償却累計額はいくらになるか。ただし，決算は年1回，残存簿価￥1とする。（毎期償却限度額の円未満切り捨て）

答 _____

例題4　償却限度額を求める計算

取得価額￥85,720,000　耐用年数17年の固定資産を定率法で減価償却すれば，第3期末償却限度額はいくらになるか。ただし，決算は年1回，残存簿価￥1とする。（毎期償却限度額の円未満切り捨て）

〈解説〉耐用年数17年の定率法償却率…0.118

￥85,720,000×0.118＝￥10,114,960　　　　　　（第1期末償却限度額）

￥85,720,000－￥10,114,960＝￥75,605,040　　　（第2期首帳簿価額）

￥75,605,040×0.118＝￥8,921,394　　　　　　　（第2期末償却限度額）

￥75,605,040－￥8,921,394＝￥66,683,646　　　（第3期首帳簿価額）

￥66,683,646×0.118＝￥7,868,670　　　　　　　（第3期末償却限度額）

答 ￥7,868,670

〈キー操作〉ラウンドセレクターをCUT，小数点セレクターを0にセット

85,720,000 [M+] [×] [・] 118 [=] [M-] [MR] [×] [・] 118 [=] [M-] [MR] [×] [・] 118 [=]

または，

85,720,000 [M+] [・] 118 [×] [×] [MR] [M-] [MR] [M-] [MR] [M-]

◆練習問題◆

(7) 取得価額￥25,690,000　耐用年数9年の固定資産を定率法で減価償却すれば，第3期末償却限度額はいくらになるか。ただし，決算は年1回，残存簿価￥1とする。（毎期償却限度額の円未満切り捨て）

答 _____

(8) 取得価額￥52,070,000　耐用年数14年の固定資産を定率法で減価償却すれば，第4期末償却限度額はいくらになるか。ただし，決算は年1回，残存簿価￥1とする。（毎期償却限度額の円未満切り捨て）

答 _____

練習問題の解答

(5) ￥25,969,999　(6) ￥28,772,789　(7) ￥3,452,043　(8) ￥4,686,688

4. 複利年金の計算

1. 複利年金終価・現価の計算（巻頭の数表を用いる）

　家賃・地代・借入金の年賦償還金，利付債券の利息，定期積立金などのように，一定の金額が一定期間ごとに継続して受け払いされる場合，その金額を**年金**という。

　　複利年金終価……年金の最終期末における複利終価の和

　　複利年金現価……年金の最初の受払日における複利現価の和

例題1	期末払いの年金終価を求める計算

　毎年末に¥100,000ずつ，6年間支払う年金の終価はいくらか。ただし，年利率7%，1年1期の複利とする。（円未満4捨5入）

〈解説〉

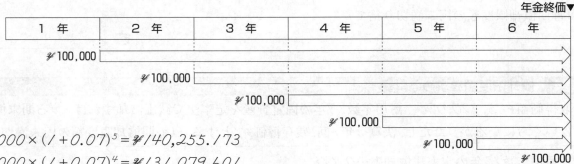

$¥100,000 × (1 + 0.07)^5 = ¥140,255.173$
$¥100,000 × (1 + 0.07)^4 = ¥131,079.601$
$¥100,000 × (1 + 0.07)^3 = ¥122,504.3$
$¥100,000 × (1 + 0.07)^2 = ¥114,490$
$¥100,000 × (1 + 0.07) = ¥107,000$
$¥100,000 × 1 = ¥100,000$

　　　　　　7.15329074　　¥715,329.074
　　　　　〔年金終価率〕　〔年金終価〕

　上図のとおり，年金終価は複利終価を合計したものである。したがって，複利終価率の合計が複利年金終価率である。

　　　　期末払年金終価＝年金額×複利年金終価率

　　　年金終価率（7%，6期）…7.15329074

　　　$¥100,000 × 7.15329074 = ¥715,329$

　　　　　　　　　　　　　　　　　　　　答　　　　¥715,329

〈キー操作〉ラウンドセレクターを**5/4**，小数点セレクターを**0**にセット

　　7.15329074 ☒ 100,000 ＝

例題2	期末払いの年金終価を求める計算

　毎年末に¥20,000ずつ，10年間支払う年金の終価はいくらか。ただし，年利率6%，1年1期の複利とする。（円未満4捨5入）

〈解説〉6%，10期の年金終価率…13.18079494

　　$¥20,000 × 13.18079494 = ¥263,616$

　　　　　　　　　　　　　　　　　　　　答　　　　¥263,616

〈キー操作〉ラウンドセレクターを**5/4**，小数点セレクターを**0**にセット

　　13.18079494 ☒ 20,000 ＝

◆練習問題◆

(1) 毎年末に¥246,000ずつ, 9年間支払う年金の終価はいくらか。ただし, 年利率3%, 1年1期の複利とする。(円未満4捨5入)

答_____

(2) 毎半年末に¥539,000ずつ, 6年間支払う年金の終価はいくらか。ただし, 年利率7%, 半年1期の複利とする。(円未満4捨5入)

答_____

例題3　期首払いの年金終価を求める計算

毎年初めに¥100,000ずつ, 6年間支払う年金の終価はいくらか。ただし, 年利率7%, 1年1期の複利とする。(円未満4捨5入)

〈解説〉

年金終価▼

1 年	2 年	3 年	4 年	5 年	6 年

¥100,000 →
¥100,000 →
¥100,000 →
¥100,000 →
¥100,000 →
¥100,000 →

$¥100,000 \times (1+0.07)^6 = ¥150,073.035$
$¥100,000 \times (1+0.07)^5 = ¥140,255.173$
$¥100,000 \times (1+0.07)^4 = ¥131,079.601$
$¥100,000 \times (1+0.07)^3 = ¥122,504.3$
$¥100,000 \times (1+0.07)^2 = ¥114,490$
$¥100,000 \times (1+0.07) = ¥107,000$

　　　　　7.65402109　　¥765,402.109
　　　〔年金終価率〕　〔年金終価〕

上図と期末払い（例題1）の図を比較すると, 期首払いは, 期末払いよりも1期多くなり, 最後の元金に相当する〔1〕がなくなる。したがって複利年金終価表を利用する場合,（1期多い複利年金終価率－1）となる。

期首払年金終価＝年金額×（1期多い複利年金終価率－1）

年金終価率（7%, 6期＋1期）…8.65402109
$¥100,000 \times (8.65402109-1) = ¥765,402$

答　　　　¥765,402

〈キー操作〉ラウンドセレクターを5/4, 小数点セレクターを0にセット

8.65402109 ⊟ 1 ⊠ 100,000 ⊟

練習問題の解答

(1) ¥2,499,140　　(2) ¥7,870,457

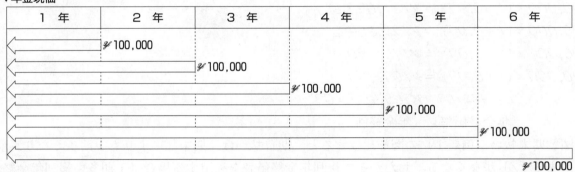

例題4	期首払いの年金終価を求める計算

　毎年初めに¥30,000ずつ，8年間支払う年金の終価はいくらか。ただし，年利率5.5%，1年1期の複利とする。（円未満4捨5入）

〈解説〉5.5%，9期の年金終価率…11.25625951

$$¥30,000 × (11.25625951 - 1) = ¥307,688$$

答　　　　　¥307,688

〈キー操作〉ラウンドセレクターを**5/4**，小数点セレクターを**0**にセット

　　11.25625951 ⊟ 1 ⊠ 30,000 ⊜

◆練習問題◆

(3)　毎年初めに¥681,000ずつ，14年間支払う年金の終価はいくらか。ただし，年利率4.5%，1年1期の複利とする。（円未満4捨5入）

答　　　　　　　　　　　

(4)　毎半年初めに¥957,000ずつ，5年6か月間支払う年金の終価はいくらか。ただし，年利率8%，半年1期の複利とする。（円未満4捨5入）

答　　　　　　　　　　　

例題5	期末払いの年金現価を求める計算

　毎年末に¥100,000ずつ，6年間支払う年金の現価はいくらか。ただし，年利率7%，1年1期の複利とする。（円未満4捨5入）

〈解説〉

▼年金現価

1　年	2　年	3　年	4　年	5　年	6　年

$$¥100,000 × \frac{1}{(1 + 0.07)} = ¥\ 93,457.944$$

$$¥100,000 × \frac{1}{(1 + 0.07)^2} = ¥\ 87,343.873$$

$$¥100,000 × \frac{1}{(1 + 0.07)^3} = ¥\ 81,629.788$$

$$¥100,000 × \frac{1}{(1 + 0.07)^4} = ¥\ 76,289.521$$

$$¥100,000 × \frac{1}{(1 + 0.07)^5} = ¥\ 71,298.618$$

$$¥100,000 × \frac{1}{(1 + 0.07)^6} = ¥\ 66,634.222$$

　　　　　4.76653966　　¥476,653.966

　　　　〔年金現価率〕　〔年金現価〕

練習問題の解答

(3) ¥13,472,941　　(4) ¥13,422,696

32

前ページの図のとおり，年金現価は複利現価を合計したものである。したがって，複利現価率の合計が複利年金現価率である。

期末払年金現価＝年金額×複利年金現価率

年金現価率（7％，6期）…4.76653966

¥100,000×4.76653966＝¥476,654

答 ¥476,654

〈キー操作〉ラウンドセレクターを5/4，小数点セレクターを0にセット

4.76653966 ⊠ 100,000 ＝

例題6　期末払いの年金現価を求める計算

毎年末に¥50,000ずつ6年間支払う負債を，いま一時に支払えば，その金額はいくらか。ただし，年利率2％，1年1期の複利とする。（円未満4捨5入）

〈解説〉2％，6期の年金現価率…5.60143089

¥50,000×5.60143089＝¥280,072

答 ¥280,072

〈キー操作〉ラウンドセレクターを5/4，小数点セレクターを0にセット

5.60143089 ⊠ 50,000 ＝

◆練習問題◆

(5)　毎年末に¥180,000ずつ，13年間支払う年金の現価はいくらか。ただし，年利率5％，1年1期の複利とする。（円未満4捨5入）

答

(6)　毎半年末に¥349,000ずつ7年6か月間支払う負債を，いま一時に支払えば，その金額はいくらか。ただし，年利率6％，半年1期の複利とする。（円未満4捨5入）

答

例題7　期首払いの年金現価を求める計算

毎年初めに¥100,000ずつ，7年間支払う年金の現価はいくらか。ただし，年利率7％，1年1期の複利とする。（円未満4捨5入）

〈解説〉

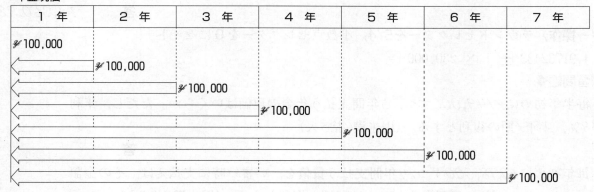

▼年金現価

1 年	2 年	3 年	4 年	5 年	6 年	7 年

練習問題の解答

(5) ¥1,690,843　(6) ¥4,166,339

$$¥100,000 × 1 = ¥100,000$$

$$¥100,000 × \frac{1}{(1 + 0.07)} = ¥93,457.944$$

$$¥100,000 × \frac{1}{(1 + 0.07)^2} = ¥87,343.873$$

$$¥100,000 × \frac{1}{(1 + 0.07)^3} = ¥81,629.788$$

$$¥100,000 × \frac{1}{(1 + 0.07)^4} = ¥76,289.521$$

$$¥100,000 × \frac{1}{(1 + 0.07)^5} = ¥71,298.618$$

$$¥100,000 × \frac{1}{(1 + 0.07)^6} = ¥66,634.222$$

$$\underline{\quad 5.76653966 \quad} \qquad \underline{\quad ¥576,653.966 \quad}$$

〔年金現価率〕 〔年金現価〕

　前ページの図と期末払い（例題5）の図を比較すると，期首払いは，期末払いよりも1期少ない代わりに元金が1回分加えてある。したがって，複利年金現価表を利用する場合，（1期少ない年金現価率＋1）となる。

期首払年金現価＝年金額×（1期少ない複利年金現価率＋1）

年金現価率（7％，7期－1期）…4.76653966

$$¥100,000 × (4.76653966 + 1) = ¥576,654$$

答 _____ ¥576,654 _____

〈キー操作〉ラウンドセレクターを**5/4**，小数点セレクターを**0**にセット

4.76653966 ⊞ 1 ⊠ 100,000 ⊜

例題8	期首払いの年金現価を求める計算

　毎年初めに¥230,000ずつ7年間支払う負債を，いま一時に支払えば，その金額はいくらか。ただし，年利率6％，1年1期の複利とする。（円未満4捨5入）

〈解説〉 6％，6期の年金現価率…4.91732433

$$¥230,000 × (4.91732433 + 1) = ¥1,360,985$$

答 _____ ¥1,360,985 _____

〈キー操作〉ラウンドセレクターを**5/4**，小数点セレクターを**0**にセット

4.91732433 ⊞ 1 ⊠ 230,000 ⊜

◆練習問題◆

(7) 毎半年初めに¥149,000ずつ，5年間支払う年金の現価はいくらか。ただし，年利率9％，半年1期の複利とする。（円未満4捨5入）

答 _____

(8) 毎年初めに¥278,000ずつ14年間支払う負債を，いま一時に支払えば，その金額はいくらか。ただし，年利率3.5％，1年1期の複利とする。（円未満4捨5入）

答 _____

練習問題の解答
　(7) ¥1,232,050　　(8) ¥3,142,161

2. 年賦金の計算（巻頭の数表を用いる）

　負債を返済する場合，毎期一定金額を支払って期日に完済することを**年賦償還**といい，このときの毎期支払額を**年賦金**（**賦金**）という。年賦金の計算，年賦償還表の作成問題では，期末払いのみ出題される。

> ### 例題1　　年賦金の計算
>
> 　元金¥2,480,000を年利率8%，半年1期の複利で借り入れた。これを毎半年末に等額ずつ支払って，5年間で完済するとき，毎期の賦金はいくらか。（円未満4捨5入）

〈解説〉**年賦金＝負債額×$\dfrac{1}{複利年金現価率}$**

　この$\dfrac{1}{複利年金現価率}$を**複利賦金率**といい，「複利賦金表」を利用して計算する。

　したがって，

　年賦金＝負債額×複利賦金率

　4％，10期の複利賦金率…0.12329094

　¥2,480,000×0.12329094＝¥305,762

答　　　　　¥305,762

〈キー操作〉ラウンドセレクターを**5/4**，小数点セレクターを**0**にセット

　2,480,000 ⊠ ・ 12329094 ＝

◆練習問題◆

(1) ¥7,180,000を年利率5%，1年1期の複利で借り入れた。これを毎年末に等額ずつ支払って6年間で完済するとき，毎期の年賦金はいくらになるか。（円未満4捨5入）

答

(2) ¥6,370,000を年利率7%，半年1期の複利で借り入れた。これを毎半年末に等額ずつ支払って5年間で完済するとき，毎期の賦金はいくらか。（円未満4捨5入）

答

> ### 例題2　　年賦償還表の作成
>
> 　¥550,000を年利率7%，1年1期の複利で借り入れ，毎年末に等額ずつ支払って4年間で完済するとき，年賦償還表を作成せよ。
> （年賦金および毎期支払利息の円未満4捨5入，過不足は最終期末の利息で調整）

〈解説〉　7％，4期の複利賦金率…0.29522812

　¥550,000×0.29522812＝¥162,375　　　　　　　　　　　（毎期の年賦金）

　¥162,375×4＝¥649,500　　　　　　　　　　　　　　　　（年賦金の合計）

　¥649,500－¥550,000＝¥99,500　　　　　　　　　　　　（支払利息の合計）

　¥550,000　　　　　　　　　（第1期首未済元金）・（元金償還高の合計）

　¥550,000×0.07＝¥38,500　　　　　　　　　　　　　　　（第1期末支払利息）

　¥162,375－¥38,500＝¥123,875　　　　　　　　　　　　（第1期末元金償還高）

　¥550,000－¥123,875＝¥426,125　　　　　　　　　　　　（第2期首未済元金）

　¥426,125×0.07＝¥29,829　　　　　　　　　　　　　　　（第2期末支払利息）

　¥162,375－¥29,829＝¥132,546　　　　　　　　　　　　（第2期末元金償還高）

練習問題の解答

(1) ¥1,414,585　　　(2) ¥765,938

¥426,125 - ¥132,546 = ¥293,579　　　　　　　　　　　　　（第3期首未済元金）

¥293,579 × 0.07 = ¥20,551　　　　　　　　　　　　　　（第3期末支払利息）

¥162,375 - ¥20,551 = ¥141,824　　　　　　　　　　　　（第3期末元金償還高）

¥293,579 - ¥141,824 = ¥151,755　（第4期首未済元金）・（第4期末元金償還高）

¥162,375 - ¥151,755 = ¥10,620　　　　　　　　　　　　（第4期末支払利息）

年賦償還表

期数	期首未済元金	年 賦 金	支 払 利 息	元金償還高
1	550,000	162,375	38,500	123,875
2	426,125	162,375	29,829	132,546
3	293,579	162,375	20,551	141,824
4	151,755	162,375	10,620	151,755
計	——————	649,500	99,500	550,000

〈注意〉 ¥151,755 × 0.07 = ¥10,623 なので，¥3調整している。

〈キー操作〉 [　] は電卓の表示窓の数字

　　ラウンドセレクターを5/4，小数点セレクターを0にセット

550,000 ⊠ ・ 29522812 Ｍ+ [162,375]　　　　　　　　　　（毎期の年賦金）

⊠ 4 ＝ [649,500]　　　　　　　　　　　　　　　　　　　（年賦金の合計）

⊟ 550,000 ＝ [99,500]　　　　　　　　　　　　　　　　　（支払利息の合計）

550,000 [550,000]　　　　　　　（第1期首未済元金）・（元金償還高の合計）

⊠ ・ 07 ＝ [38,500]　　　　　　　　　　　　　　　　　　（第1期末支払利息）

⊟ ＭＲ ＝ [－123,875]　　　　　　　　　　　　　　　　　（第1期末元金償還高）

＋ 550,000 ＝ [426,125]　　　　　　　　　　　　　　　　（第2期首未済元金）

⊠ ・ 07 ＝ [29,829]　　　　　　　　　　　　　　　　　　（第2期末支払利息）

⊟ ＭＲ ＝ [－132,546]　　　　　　　　　　　　　　　　　（第2期末元金償還高）

＋ 426,125 ＝ [293,579]　　　　　　　　　　　　　　　　（第3期首未済元金）

⊠ ・ 07 ＝ [20,551]　　　　　　　　　　　　　　　　　　（第3期末支払利息）

⊟ ＭＲ ＝ [－141,824]　　　　　　　　　　　　　　　　　（第3期末元金償還高）

＋ 293,579 ＝ [151,755]　　　　　　　（第4期首未済元金）・（第4期末元金償還高）

⊟ ＭＲ ＝ [－10,620]　　　　　　　　　　　　　　　　　（第4期末支払利息）

◆練習問題◆

(3) ¥360,000を年利率5％，1年1期の複利で借り入れ，毎年末に等額ずつ支払って
4年間で完済するとき，次の年賦償還表を作成せよ。

（年賦金および毎期支払利息の円未満4捨5入，過不足は最終期末の利息で調整）

期数	期首未済元金	年　賦　金	支　払　利　息	元金償還高
1				
2				
3				
4				
計	——————			

(4) ¥1,900,000を年利率6％，半年1期の複利で借り入れ，毎半年末に等額ずつ支払
って5年間で完済するとき，次の年賦償還表の第4期末まで記入せよ。

（賦金および毎期支払利息の円未満4捨5入）

期数	期首未済元金	賦　金	支　払　利　息	元金償還高
1				
2				
3				
4				

練習問題の解答

(3)

期数	期首未済元金	年　賦　金	支払利息	元金償還高
1	360,000	101,524	18,000	83,524
2	276,476	101,524	13,824	87,700
3	188,776	101,524	9,439	92,085
4	96,691	101,524	4,833	96,691
計	———	406,096	46,096	360,000

(4)

期数	期首未済元金	賦　金	支払利息	元金償還高
1	1,900,000	222,738	57,000	165,738
2	1,734,262	222,738	52,028	170,710
3	1,563,552	222,738	46,907	175,831
4	1,387,721	222,738	41,632	181,106

3. 積立金の計算（巻頭の数表を用いる）

　一定期間後に必要金額を得るために，毎期一定額を積み立てる場合，この積み立てる金額を**積立金**という。積立金の計算，積立金表の作成問題では，期末払いのみ出題される。

例題1	積立金を求める計算	

> 毎年末に等額ずつ積み立てて，6年後に¥9,100,000を得たい。年利率7%，1年1期の複利とすれば，毎期の積立金をいくらにすればよいか。（円未満4捨5入）

〈解説〉積立金＝積立目標額×$\dfrac{1}{複利年金終価率}$

　この$\dfrac{1}{複利年金終価率}$を**積立金率**といい，「複利賦金率－利率」に等しい。したがって，

積立金＝積立目標額×（複利賦金率－利率）

　7%，6期の賦金率…0.20979580

　¥9,100,000×（0.20979580－0.07）＝¥1,272,142　　　　答　　　　¥1,272,142

〈キー操作〉ラウンドセレクターを**5/4**，小数点セレクターを**0**にセット

　⦿ 2097958 ⊟ ⦿ 07 ✕ 9,100,000 ⊜

◆練習問題◆

(1) 毎半年末に等額ずつ積み立てて，4年後に¥5,800,000を得たい。毎期の積立金をいくらにすればよいか。ただし，年利率9%，半年1期の複利とする。（円未満4捨5入）

　　　　　　　　　　　　　　　　　　　　　　　　　　　答_____

(2) 毎年末に等額ずつ積み立てて，7年後に¥4,600,000を得たい。年利率6%，1年1期の複利とすれば，毎期の積立金をいくらにすればよいか。（円未満4捨5入）

　　　　　　　　　　　　　　　　　　　　　　　　　　　答_____

例題2	積立金表の作成	

> 毎年末に等額ずつ積み立てて，4年後に¥820,000を得たい。年利率5%，1年1期の複利として，積立金表を作成せよ。（積立金および毎期積立金利息の円未満4捨5入，過不足は最終利息で調整）

〈解説〉5%，4期の複利賦金率…0.28201183

　¥820,000×（0.28201183－0.05）＝¥190,250
　　　　　　　（毎期積立金）・（第1期末積立金増加高）・（第1期末積立金合計高）
　¥190,250×4＝¥761,000　　　　　　　　　　　　　　　　（積立金の合計）
　¥190,250×0.05＝¥9,513　　　　　　　　　　　　　　（第2期末積立金利息）
　¥9,513＋¥190,250＝¥199,763　　　　　　　　　　　（第2期末積立金増加高）
　¥190,250＋¥199,763＝¥390,013　　　　　　　　　　（第2期末積立金合計高）
　¥390,013×0.05＝¥19,501　　　　　　　　　　　　　（第3期末積立金利息）
　¥19,501＋¥190,250＝¥209,751　　　　　　　　　　（第3期末積立金増加高）
　¥390,013＋¥209,751＝¥599,764　　　　　　　　　　（第3期末積立金合計高）
　¥820,000－¥599,764＝¥220,236　　　　　　　　　　（第4期末積立金増加高）
　¥220,236－¥190,250＝¥29,986　　　　　　　　　　（第4期末積立金利息）
　¥820,000　　　　　　　　（第4期末積立金合計高）・（積立金増加高の合計）
　¥820,000－¥761,000＝¥59,000　　　　　　　　　　　（積立金利息の合計）

練習問題の解答

　(1) ¥618,336　　(2) ¥548,021

積 立 金 表

期数	積 立 金	積立金利息	積立金増加高	積立金合計高
1	190,250	0	190,250	190,250
2	190,250	9,513	199,763	390,013
3	190,250	19,501	209,751	599,764
4	190,250	29,986	220,236	820,000
計	761,000	59,000	820,000	——————

〈注意〉¥599,764×0.05＝¥29,988なので，¥2調整している。

〈キー操作〉[　　]は電卓の表示窓の数字

ラウンドセレクターを**5/4**，小数点セレクターを**0**にセット

⊡ 28201183 ⊟ ⊡ 05 ⊠ 820,000 Ｍ+ [190,250]
　　　　　　　　　（毎期積立金）・（第1期末積立金増加高）・（第1期末積立金合計高）

⊠ 4 ⊟ [761,000] 　　　　　　　　　　　　　　　　　　　　　　（積立金の合計）

MR ⊠ ⊡ 05 ⊟ [9,513] 　　　　　　　　　　　　　　　　（第2期末積立金利息）

⊞ MR ⊟ [199,763] 　　　　　　　　　　　　　　　　　　（第2期末積立金増加高）

⊞ MR ⊟ [390,013] 　　　　　　　　　　　　　　　　　　（第2期末積立金合計高）

⊠ ⊡ 05 ⊟ [19,501] 　　　　　　　　　　　　　　　　　（第3期末積立金利息）

⊞ MR ⊟ [209,751] 　　　　　　　　　　　　　　　　　　（第3期末積立金増加高）

⊞ 390,013 ⊟ [599,764] 　　　　　　　　　　　　　　　（第3期末積立金合計高）

820,000 ⊟ 599,764 ⊟ [220,236] 　　　　　　　　　　（第4期末積立金増加高）

⊟ MR ⊟ [29,986] 　　　　　　　　　　　　　　　　　　（第4期末積立金利息）

820,000 [820,000] 　　　　　　（第4期末積立金合計高）・（積立金増加高の合計）

⊟ 761,000 ⊟ [59,000] 　　　　　　　　　　　　　　　（積立金利息の合計）

◆練習問題◆

(3) 毎年末に等額ずつ積み立てて，4年後に¥560,000を得たい。年利率4%，1年1期
の複利として，次の積立金表を作成せよ。

（積立金および毎期積立金利息の円未満4捨5入，過不足は最終期末の利息で調整）

期数	積 立 金	積立金利息	積立金増加高	積立金合計高
1				
2				
3				
4				
計				———

(4) 毎半年末に等額ずつ積み立てて，4年後に¥2,400,000を得たい。年利率9%，
半年1期の複利として，次の表の5期末まで記入せよ。

（積立金および毎期積立金利息の円未満4捨5入）

期数	積 立 金	積立金利息	積立金増加高	積立金合計高
1				
2				
3				
4				
5				

練習問題の解答

(3)

期数	積 立 金	積立金利息	積立金増加高	積立金合計高
1	131,874	0	131,874	131,874
2	131,874	5,275	137,149	269,023
3	131,874	10,761	142,635	411,658
4	131,874	16,468	148,342	560,000
計	527,496	32,504	560,000	———

(4)

期数	積 立 金	積立金利息	積立金増加高	積立金合計高
1	255,863	0	255,863	255,863
2	255,863	11,514	267,377	523,240
3	255,863	23,546	279,409	802,649
4	255,863	36,119	291,982	1,094,631
5	255,863	49,258	305,121	1,399,752

5. 証券投資の計算

1. 債券の計算

例題1　利付債券の計算

　5.7%利付社債，額面¥6,900,000を7月19日に市場価格¥97.80で買い入れると，支払代金はいくらになるか。ただし，利払日は3月25日と9月25日とする。

（経過日数は片落とし，経過利子の円未満切り捨て）

〈解説〉利払期日の途中で買い入れたときは，前の利払日から売買当日までの利子（経過利子）を計算し，売買金額に利子を含めて代金を支払う。

$$売買値段＝額面金額×\frac{市場価格}{¥100}$$

$$経過利子＝額面金額×年利率×\frac{経過日数}{365}$$

$$支払代金＝売買値段＋経過利子$$

3/25～7/19（片落とし）…116日

$$¥6,900,000×\frac{¥97.80}{¥100}＝¥6,748,200（売買値段）$$

$$¥6,900,000×0.057×\frac{116}{365}＝¥124,993（経過利子）$$

$$¥6,748,200＋¥124,993＝¥6,873,193$$

答　　　　¥6,873,193

〈キー操作〉ラウンドセレクターをCUT，小数点セレクターを0にセット

6,900,000 [M+][×][・] 978 [=][MR][×][・] 057 [×] 116 [÷] 365 [=][GT]

◆練習問題◆

(1) 6.3%利付社債，額面¥8,400,000を9月18日に市場価格¥98.75で買い入れると，支払代金はいくらになるか。ただし，利払日は5月20日と11月20日とする。
（経過日数は片落とし，経過利子の円未満切り捨て）

答　　　　　　　　

(2) 3.1%利付社債，額面¥7,500,000を2月24日に市場価格¥99.60で買い入れると，支払代金はいくらになるか。ただし，利払日は6月25日と12月25日とする。
（経過日数は片落とし，経過利子の円未満切り捨て）

答　　　　　　　　

(3) 2.4%利付社債，額面¥2,400,000を11月5日に市場価格¥100.34で買い入れると，支払代金はいくらになるか。ただし，利払日は1月20日と7月20日とする。
（経過日数は片落とし，経過利子の円未満切り捨て）

答　　　　　　　　

練習問題の解答

(1) ¥8,470,433　　(2) ¥7,508,856　　(3) ¥2,425,203

　　/0年後に償還される2.8%利付社債の買入価格が¥99.35のとき，単利最終利回りは何パーセント
　か。（パーセントの小数第3位未満切り捨て）

〈解説〉単利最終利回りは，年間の利子額のほかに，償還差益または償還差損を加減して，最後の償還日の
　　　　利回りを求める。

$$\text{単利最終利回り} = \frac{\text{額面金額（¥100）×年利率} + \dfrac{\text{償還差益}}{\text{償還年数}}}{\text{買入価格}}$$

$$\text{単利最終利回り} = \frac{\text{額面金額（¥100）×年利率} - \dfrac{\text{償還差損}}{\text{償還年数}}}{\text{買入価格}}$$

¥/00 − ¥99.35 = ¥0.65　（償還差益）

$$\frac{¥/00 × 0.028 + \dfrac{¥0.65}{/0}}{¥99.35} = 0.028837\cdots\cdots$$

答　　　　　2.883%

〈キー操作〉ラウンドセレクターをCUT，小数点セレクターを3にセット

　　100 ✕ ・ 028 M+ 100 − 99.35 ÷ 10 M+ MR ÷ 99.35 %

◆練習問題◆

(4)　8年後に償還される/.5%利付社債の買入価格が¥98.65のとき，単利最終利回り
　　は何パーセントか。（パーセントの小数第3位未満切り捨て）

答　　　　　　　　　　

(5)　7年後に償還される2.3%利付社債の買入価格が¥99.25のとき，単利最終利回り
　　は何パーセントか。（パーセントの小数第3位未満切り捨て）

答　　　　　　　　　　

(6)　9年後に償還される4.3%利付社債の買入価格が¥/00.90のとき，単利最終利回り
　　は何パーセントか。（パーセントの小数第3位未満切り捨て）

答　　　　　　　　　　

練習問題の解答
　(4) /.69/%　　(5) 2.425%　　(6) 4.162%

2. 株式の計算

例題1　株式の買入代金

株式を次のとおり買い入れた。支払総額はいくらか。（手数料の円未満切り捨て）

銘柄	約定値段	株　数	手　数　料
A	/株につき　¥/63	/7,000株	約定代金の0.88% ＋ ¥2,700
B	/株につき¥/,849	5,000株	約定代金の0.65% ＋ ¥/4,200

〈解説〉株式の売買は証券会社等を通じて行い，取引が成立した金額を**約定値段**という。売買にあたって，売り主と買い主は，各証券会社が定めた株式売買委託手数料を支払う。なお，平成11年10月１日より株式売買委託手数料が自由化されたことにともない，各証券会社は独自の率や税金を定めるようになった。

　　株式売買委託手数料は，株式を買い入れたときは約定代金に加え，売却したときは約定代金から差し引かれる。

　A銘柄…¥/63×/7,000＝¥2,77/,000（約定代金）

　　¥2,77/,000×0.0088＋¥2,700＝¥27,084（手数料）

　B銘柄…¥/,849×5,000＝¥9,245,000（約定代金）

　　¥9,245,000×0.0065＋¥/4,200＝¥74,292（手数料）

　¥2,77/,000＋¥27,084＋¥9,245,000＋¥74,292＝¥/2,//7,376

答　　　　¥/2,//7,376

〈キー操作〉　ラウンドセレクターを**CUT**，小数点セレクターを**0**にセット

163 ⊠ 17,000 M⁺⊠・0088 ⊞ 2,700 M⁺ 1,849 ⊠ 5,000 M⁺⊠・0065 ⊞ 14,200 M⁺ MR

◆練習問題◆

(1)　ある株式を/株につき¥/,986で5,000株買い入れた。支払総額はいくらか。ただし，約定代金の0.7040%に¥//,528を加えた手数料を支払うものとする。
（円未満切り捨て）

答

(2)　株式を次のとおり買い入れた。支払総額はいくらか。
（それぞれの手数料の円未満切り捨て）

銘柄	約定値段	株　数	手　数　料
K	/株につき　¥967	2,000株	約定代金の0.72600% ＋ ¥2,222
L	/株につき¥5,968	7,000株	約定代金の0.24750% ＋ ¥77,5/7

答

練習問題の解答
　(1) ¥/0,0//,435　　(2) ¥43,907,/74

株式を次のとおり売却した。手取金の総額はいくらか。（手数料の円未満切り捨て）

銘柄	約定値段	株　数	手　数　料
A	/株につき¥1,307	12,000株	約定代金の0.52% ＋ ¥22,480
B	/株につき¥2,465	18,000株	約定代金の0.24% ＋ ¥106,480

〈解説〉

A銘柄…¥1,307×12,000＝¥15,684,000（約定代金）

¥15,684,000×0.0052＋¥22,480＝¥104,036（手数料）

B銘柄…¥2,465×18,000＝¥44,370,000（約定代金）

¥44,370,000×0.0024＋¥106,480＝¥212,968（手数料）

¥15,684,000－¥104,036＋¥44,370,000－¥212,968＝¥59,736,996

答　　　¥59,736,996

〈キー操作〉ラウンドセレクターをCUT，小数点セレクターを0にセット

1,307 ✕ 12,000 M+ ✕ • 0052 ＋ 22,480 M- 2,465 ✕ 18,000 M+ ✕ • 0024 ＋ 106,480 M- MR

◆練習問題◆

(3)　ある株式を/株につき¥3,475で6,000株売却した。手取金はいくらか。ただし，
約定代金の0.3850%に¥21,560を加えた手数料を支払うものとする。

（手数料の円未満切り捨て）

答　　　　　　

(4)　株式を次のとおり売却した。手取金の総額はいくらか。

（それぞれの手数料の円未満切り捨て）

銘柄	約定値段	株　数	手　数　料
G	/株につき　¥470	3,000株	約定代金の0.96800% ＋ ¥2,970
H	/株につき¥3,248	9,000株	約定代金の0.57750% ＋ ¥29,370

答　　　　　　

練習問題の解答

(3) ¥20,748,168　　(4) ¥30,427,198

次の株式の利回りはそれぞれ何パーセントか。（パーセントの小数第/位未満4捨5入）

銘柄	配　当　金	時　価	利　回　り
E	/株につき年　¥3.50	¥278	
F	/株につき年　¥6.00	¥624	
G	/株につき年　¥37.00	¥2,250	

〈解説〉株式に投資した金額に対する予想配当金の割合を**利回り**という。

$$利回り = \frac{年配当金}{時価}$$

E銘柄…¥3.50÷¥278＝0.0/258　　　　　　答　　　　/.3%

F銘柄…¥6.00÷¥624＝0.0096/　　　　　　答　　　　/.0%

G銘柄…¥37.00÷¥2,250＝0.0/644　　　　答　　　　/.6%

〈キー操作〉E…3.5 ÷ 278 ＝ (%)

F…6 ÷ 624 ＝ (%)

G…37 ÷ 2,250 ＝ (%)

〈注意〉問題の指示どおりに端数処理を行う。

◆練習問題◆

(5)　次の株式の利回りはそれぞれ何パーセントか。

（パーセントの小数第/位未満4捨5入）

銘柄	配　当　金	時　価	利　回　り
E	/株につき年　¥3.50	¥22/	
F	/株につき年　¥8.00	¥782	
G	/株につき年　¥/5.00	¥1,685	

(6)　次の株式の利回りはそれぞれ何パーセントか。

（パーセントの小数第/位未満4捨5入）

銘柄	配　当　金	時　価	利　回　り
E	/株につき年　¥6.50	¥302	
F	/株につき年　¥9.00	¥549	
G	/株につき年　¥48.00	¥2,630	

(7)　次の株式の利回りはそれぞれ何パーセントか。

（パーセントの小数第/位未満4捨5入）

銘柄	配　当　金	時　価	利　回　り
E	/株につき年　¥4.50	¥196	
F	/株につき年　¥7.00	¥468	
G	/株につき年　¥26.00	¥3,270	

練習問題の解答

(5) E/.6%　F/.0%　G0.9%　　(6) E2.2%　F/.6%　G/.8%　　(7) E2.3%　F/.5%　G0.8%

例題4　指値の計算

次の株式の指値はそれぞれいくらか。（銘柄E・Fは円未満切り捨て）

銘柄	配　当　金	希望利回り	指　値
E	/株につき年　¥5.50	/.4%	
F	/株につき年　¥7.00	2./%	
G	/株につき年　¥46.00	0.8%	

〈解説〉株式投資をする場合，希望利回りを得るにはいくらで買い入れたらよいかを知る必要がある。これを株式の評価といい，その評価額を**指値**という。

$$指値 = \frac{年配当金}{希望利回り}$$

E銘柄…¥5.50÷0.014＝¥392　　　　　　　　　　答　　　　　¥392

F銘柄…¥7.00÷0.021＝¥333　　　　　　　　　　答　　　　　¥333

G銘柄…¥46.00÷0.008＝¥5,750　　　　　　　　答　　　　¥5,750

〈キー操作〉E…5.5 ÷ · 014 ＝

F…7 ÷ · 021 ＝

G…46 ÷ · 008 ＝

〈注意〉問題の指示どおりに端数処理を行う。

◆練習問題◆

(8)　次の株式の指値はそれぞれいくらか。

（銘柄E・Fは円未満切り捨て，Gは¥/0未満切り捨て）

銘柄	配　当　金	希望利回り	指　値
E	/株につき年　¥4.50	/.7%	
F	/株につき年　¥9.00	2.3%	
G	/株につき年　¥5/.00	0.8%	

(9)　次の株式の指値はそれぞれいくらか。

（銘柄E・Fは円未満切り捨て，Gは¥5未満は切り捨て・¥5以上¥/0未満は¥5とする）

銘柄	配　当　金	希望利回り	指　値
E	/株につき年　¥6.50	/.2%	
F	/株につき年　¥7.50	2.6%	
G	/株につき年　¥29.00	0.7%	

(10)　次の株式の指値はそれぞれいくらか。

（銘柄E・Fは円未満切り捨て，Gは¥5未満は切り捨て・¥5以上¥/0未満は¥5とする）

銘柄	配　当　金	希望利回り	指　値
E	/株につき年　¥7.50	/.9%	
F	/株につき年　¥9.50	/.4%	
G	/株につき年　¥35.00	0.9%	

練習問題の解答

(8) E¥264　F¥39/　G¥6,370　　(9) E¥54/　F¥288　G¥4,140　　(10) E¥394　F¥678　G¥3,885

46

公益財団法人 全国商業高等学校協会主催

文　部　科　学　省　後　援

第1回 ビジネス計算実務検定模擬試験 （制限時間　A・B・C合わせて30分）

第 1 級　普通計算部門

(A) 乗 算 問 題

普通計算では、そろばんの受験者は問題中の太枠内のみ解答し、電卓の受験者はすべて解答する。

(注意) 円未満4捨5入，構成比率はパーセントの小数第2位未満4捨5入

1	¥ 7,986 × 94,262 =
2	¥ 25,601 × 3,408 =
3	¥ 433,120 × 0.5371 =
4	¥ 50,748 × 13,610 =
5	¥ 8,169 × 6,578.924 =

答えの小計・合計		合計Aに対する構成比率	
小計(1)～(3)	(1)	(1)～(3)	
	(2)		
	(3)		
小計(4)～(5)	(4)	(4)～(5)	
	(5)		
合計A(1)～(5)			

(注意) セント未満4捨5入，構成比率はパーセントの小数第2位未満4捨5入

6	€ 185.84 × 7,056 =
7	€ 904.67 × 415.47 =
8	€ 23.52 × 19.6875 =
9	€ 649.73 × 830,299 =
10	€ 32,710.95 × 0.002803 =

答えの小計・合計		合計Bに対する構成比率	
小計(6)～(8)	(6)	(6)～(8)	
	(7)		
	(8)		
小計(9)～(10)	(9)	(9)～(10)	
	(10)		
合計B(6)～(10)			

（B）除算問題

（注意）円未満4捨5入、構成比率はパーセントの小数第2位未満4捨5入

1	¥ 492,956,684 ÷ 58,276 =
2	¥ 8,921,403 ÷ 219 =
3	¥ 771 ÷ 0.07935 =
4	¥ 172,989,702 ÷ 344,601 =
5	¥ 565,072,412 ÷ 809.2 =

答えの小計・合計	合計Cに対する構成比率	
(1)	(1)~(3)	
(2)		
(3)		
小計(1)~(3)		
(4)	(4)~(5)	
(5)		
小計(4)~(5)		
合計C(1)~(5)		

（注意）ペンス未満4捨5入、構成比率はパーセントの小数第2位未満4捨5入

6	£ 317.52 ÷ 1.0368 =
7	£ 602,953.60 ÷ 67,520 =
8	£ 94,813.99 ÷ 41.3 =
9	£ 141.68 ÷ 0.9054 =
10	£ 24,486,032.07 ÷ 328,187 =

答えの小計・合計	合計Dに対する構成比率	
(6)	(6)~(8)	
(7)		
(8)		
小計(6)~(8)		
(9)	(9)~(10)	
(10)		
小計(9)~(10)		
合計D(6)~(10)		

（A）乗算得点	（B）除算得点

そろばん	
電卓	

年　　組　　番　名前

48

第 1 級　普 通 計 算 部 門　(制限時間　A・B・C合わせて30分)

(C) 見 取 算 問 題

(注意) 構成比率はパーセントの小数第2位未満4捨5入

No.	1	2	3	4	5
1	¥ 70,635	¥ 6,049,781	¥ 26,715,340	¥ 9,121,803,614	¥ 31,728
2	6,283,790	310,532	85,429,657	5,064,392,789	495,381
3	546,182	867,376	930,681,023	1,983,549,075	629,410
4	192,364	952,610	-51,394,478	3,702,458,123	-750,846
5	38,077	2,178,459	-43,208,295	6,279,641,971	-86,932
6	8,951,659	406,903	74,156,701	2,346,305,860	50,457
7	402,913	584,286	16,823,969	7,590,189,248	307,260
8	9,615,806	237,195	-302,570,814	8,435,016,607	12,975
9	24,148	793,821	-98,047,185	4,653,974,562	69,589
10	57,251	4,624,074	69,735,203	7,805,132,870	243,193
11	309,470	145,335	48,617,926		-970,327
12	2,768,523	801,249			-813,599
13	10,345	7,092,568			-27,163
14	5,073,987	918,326			48,201
15	841,269	351,764			592,856
16		560,897			64,014
17					87,605
18					-106,748
19					-738,304
20					16,452
計					

答えの小計合計	小計(1)〜(3)	小計(4)〜(5)
	合計 E (1)〜(5)	

合計Eに対する構成比率	(1)	(2)	(3)	(4)	(5)
	(1)〜(3)			(4)〜(5)	

(注意) 構成比率はパーセントの小数第2位未満4捨5入

No.	6	7	8	9	10
1	$ 86,314,907.52	$ 4,258,274.36	$ 545,196.23	$ 13,485.09	$ 2,038.17
2	720,551.89	3,106,785.91	6,803,763.84	875,312.35	956,152.83
3	5,481,694.23	9,840,318.02	8,217,059.60	645.67	1,468,713.04
4	40,936,213.78	-6,729,056.47	94,571.25	2,891.50	31,976.56
5	38,652,479.10	-5,397,514.22	1,321,904.39	-41,749.86	7,340.68
6	173,085.36	-2,543,897.15	7,862,847.56	-326,027.94	880,951.20
7	95,048,342.07	8,469,109.06	429,315.72	54,138.51	32,508,194.37
8	272,160.91	-7,083,576.19	3,658,792.31	8,086.40	45,263.49
9	569,826.49	1,360,328.74	6,391,430.05	37,961.72	7,629,806.51
10	68,395,732.70	3,416,209.85	407,824.81	789,204.28	2,691.75
11	7,104,601.54		20,618.67	-570.96	93,589.40
12			5,172,597.40	-90,843.11	48,237,415.92
13			9,036,480.18	-657,402.53	5,014,728.60
14				9,673.20	670,392.71
15				291.63	
計					

| 答えの | 小計 | 小計(6)～(8) | | | 小計(9)～(10) | |
| | 合計 | 合計F(6)～(10) | | | | |

	(6)	(7)	(8)	(9)	(10)
合計Fに対する構成比率	(6)～(8)			(9)～(10)	

| 年 | 組 | 番 | そろばん | | (C) 見取算得点 | 総 得 点 |
| | | | 電 卓 | | | |

名前

第1級　ビジネス計算部門（制限時間30分）

(注意) I. 減価償却費・複利・複利年金の計算については，別紙の数表を用いること。

　　　 II. 答えに端数が生じた場合は（　）内の条件によって処理すること。

(1) ¥3,200,000を年利率4％，半年1期の複利で借り入れた。これを毎半年末に等額ずつ支払って7年間で完済するとき，毎期の賦金はいくらになるか。（円未満4捨5入）

答_____

(2) 額面¥95,710,000の手形を3月12日に割引率年3.56％で割り引くと，手取金はいくらか。ただし，満期は5月6日とする。（両端入れ，割引料の円未満切り捨て）

答_____

(3) ¥42,750,000を年利率4％，1年1期の複利で17年間貸すと，複利終価はいくらか。（円未満4捨5入）

答_____

(4) 毎半年末に¥541,000ずつ6年間支払う負債を，いま一時に支払えば，その金額はいくらか。ただし，年利率5％，半年1期の複利とする。（円未満4捨5入）

答_____

(5) 取得価額¥61,340,000　耐用年数24年の固定資産を定額法で減価償却すれば，第7期末減価償却累計額はいくらになるか。ただし，決算は年1回，残存簿価¥1とする。

答_____

(6) 10英ガロンにつき£4,760.50の商品を30L建にすると円でいくらになるか。ただし，1英ガロン＝4.546L，£1＝¥188.60とする。（計算の最終で円未満4捨5入）

答_____

(7) ある商品を予定売価の1割3分引きで販売したところ，原価の4割5分の利益を得た。値引額が¥5,200,000とすれば，原価はいくらか。

答_____

1級問題①

【裏面につづく】

(8) 7年3か月後に支払う負債¥15,840,000を年利率7%，半年1期の複利で割り引いて，いま支払うとすればその金額はいくらか。ただし，端数期間は真割引による。（計算の最終で¥100未満切り上げ）

答_____

(9) 年利率0.175％の単利で11月9日から翌年1月21日まで借り入れ，期日に元利合計¥38,253,384を支払った。元金はいくらであったか。（片落とし）

答_____

(10) 仲立人が売り主から3.37％，買い主から3.55％の手数料を受け取る約束で商品の売買を仲介したところ，売り主の手取金が¥70,443,270であった。買い主の支払総額はいくらであったか。

答_____

(11) 株式を次のとおり買い入れた。支払総額はいくらになるか。
（それぞれの手数料の円未満切り捨て）

銘柄	約定値段	株　数	手　数　料
G	1株につき　¥546	2,000株	約定代金の0.8800％ ＋ ¥3,388
H	1株につき ¥1,789	4,000株	約定代金の0.7040％ ＋ ¥11,528

答_____

(12) 毎年初めに¥281,000ずつ11年間支払う年金の終価はいくらか。ただし，年利率4.5％，1年1期の複利とする。（円未満4捨5入）

答_____

(13) 取得価額¥79,540,000　耐用年数35年の固定資産を定率法で減価償却すれば，第5期首帳簿価額はいくらになるか。ただし，決算は年1回，残存簿価¥1とする。（毎期償却限度額の円未満切り捨て）

答_____

(14) 5年後に償還される2.9％利付社債の買入価格が¥97.65のとき，単利最終利回りは何パーセントか。（パーセントの小数第3位未満切り捨て）

答_____

(15) 11月15日満期，額面¥80,436,790の約束手形を9月8日に割引率年5.42％で割り引くと，手取金はいくらか。ただし，手形金額の¥100未満には割引料を計算しないものとする。（両端入れ，割引料の円未満切り捨て）

答_____

1級問題②

年	組	番	名前

(/6) /.5%利付社債, 額面￥6,700,000を12月6日に市場価格￥98.45で買い入れ
ると, 支払代金はいくらか。ただし, 利払日は2月20日と8月20日とする。
(経過日数は片落とし, 経過利子の円未満切り捨て)

答_____

(/7) ある商品を原価の3割5分の利益を見込んで予定売価をつけたが, 予定売価か
ら￥893,000値引きして販売したところ, 利益額が￥2,397,000となった。利益
額は原価の何割何分何厘か。

答_____

(/8) 次の3口の借入金の利息を積数法によって計算すると, 利息合計はいくらにな
るか。ただし, いずれも期日は8月/7日, 利率は年2.4/%とする。
(片落とし, 円未満切り捨て)

借入金額	借入日
￥43,160,000	4月2/日
￥50,970,000	5月/6日
￥21,830,000	6月 3日

答_____

(/9) /台につき￥6,240の商品を500台仕入れ, 仕入諸掛￥/55,000を支払った。
この商品に諸掛込原価の4割8分の利益を見込んで予定売価をつけたが, このうち
半分は予定売価どおりで販売し, 残り全部は予定売価から/台につき￥/,200値引
きして販売した。実売価の総額はいくらか。

答_____

(20) 毎年末に等額ずつ積み立てて, 4年後に￥8,300,000を得たい。年利率3%,
/年/期の複利として, 次の積立金表を作成せよ。
(積立金および毎期積立金利息の円未満4捨5入, 過不足は最終期末の利息で調整)

積 立 金 表

期数	積 立 金	積立金利息	積立金増加高	積立金合計高
/				
2				
3				
4				
計				———

	年　　組　　番		正答数	得 点
名前			(×5)	

1級問題③

53

公益財団法人 全国商業高等学校協会主催
文部科学省後援

第2回 ビジネス計算実務検定模擬試験

第 1 級 普 通 計 算 部 門　(制限時間　A・B・C合わせて30分)

（A）乗 算 問 題

（注意）円未満4捨5入，構成比率はパーセントの小数第2位未満4捨5入

1	¥ 5,679 × 89,264 =	
2	¥ 218,012 × 0.04331 =	
3	¥ 49,406 × 6,028 =	
4	¥ 73,983 × 9.7157 =	
5	¥ 6,345 × 5,478,590 =	

（注意）ペンス未満4捨5入，構成比率はパーセントの小数第2位未満4捨5入

6	£ 820.91 × 7,486 =	
7	£ 965.24 × 29.3703 =	
8	£ 27.68 × 361.625 =	
9	£ 14,058.77 × 0.005042 =	
10	£ 351.30 × 10,819 =	

答えの小計・合計		合計Aに対する構成比率	
小計(1)～(3)	(1)	(1)～(3)	
	(2)		
	(3)		
小計(4)～(5)	(4)	(4)～(5)	
	(5)		
合計 A(1)～(5)			

答えの小計・合計		合計Bに対する構成比率	
小計(6)～(8)	(6)	(6)～(8)	
	(7)		
	(8)		
小計(9)～(10)	(9)	(9)～(10)	
	(10)		
合計 B(6)～(10)			

55

(B) 除 算 問 題

(注意) 円未満4捨5入、構成比率はパーセントの小数第2位未満4捨5入

		答えの小計・合計	合計Cに対する構成比率	
1	¥ 340,905,839 ÷ 53,509 =	小計(1)〜(3)	(1)	(1)〜(3)
2	¥ 8,766,540 ÷ 4,310 =		(2)	
3	¥ 47,041,355 ÷ 78.91 =		(3)	
4	¥ 63 ÷ 0.0658473 =	小計(4)〜(5)	(4)	(4)〜(5)
5	¥ 9,133,488 ÷ 126 =		(5)	
		合計C(1)〜(5)		

(注意) セント未満4捨5入、構成比率はパーセントの小数第2位未満4捨5入

		答えの小計・合計	合計Dに対する構成比率	
6	$ 2.92 ÷ 0.765328 =	小計(6)〜(8)	(6)	(6)〜(8)
7	$ 33,295,378.40 ÷ 80,114 =		(7)	
8	$ 194,764.05 ÷ 304.2 =		(8)	
9	$ 4,392.68 ÷ 2.45 =	小計(9)〜(10)	(9)	(9)〜(10)
10	$ 79,111,160.82 ÷ 908,697 =		(10)	
		合計D(6)〜(10)		

そろばん	
電 卓	

(A) 乗算得点	(B) 除算得点

年　　　　組　　　　番

名前

56

第 1 級　普通計算部門　(制限時間　A・B・C合わせて30分)

(C) 見 取 算 問 題

(注意) 構成比率はパーセントの小数第2位未満4捨5入

No.	1	2	3	4	5
1	¥ 482,705	¥ 697,381	¥ 86,147	¥ 364,183,959	¥ 58,794,012
2	619,342	40,527	970,235	17,250,680	8,246,214,573
3	578,691	8,363,490	654,804	98,567,407	315,938,476
4	304,176	156,245	28,950	875,426,132	-7,081,606,354
5	925,580	729,876	317,421	20,891,073	492,471,965
6	743,963	5,914,608	-45,382	651,627,712	10,350,783
7	231,054	32,139	-561,190	83,094,358	-69,082,297
8	167,828	207,514	-73,079	39,748,520	-927,104,509
9	650,279	81,062	189,763	46,302,846	-2,536,581,498
10	896,407	475,923	62,518	210,935,694	768,312,360
11	528,731	9,568,400	38,604	79,178,125	
12	904,653	13,785	-206,956	50,319,864	
13	385,120	790,341	-491,327		
14	739,479	52,689	15,842		
15	3,084,957	549,469			
16	648,712	732,675			
17	140,368	-57,038			
18		-809,281			
19		31,430			
20		90,276			
計					

答えの 小計 合計	小計(1)～(3)			小計(4)～(5)	
	合計E(1)～(5)				

合計Eに 対する 構成比率	(1)	(2)	(3)	(4)	(5)
	(1)～(3)			(4)～(5)	

57

(注意) 構成比率はパーセントの小数第2位未満4捨5入

No.	6	7	8	9	10
1	€ 951,072.63	€ 1,413,827.96	€ 7,901.50	€ 54,124.58	€ 259,839.04
2	483,290.58	7,192,376.24	128,673.45	63,513,972.10	3,694,701.86
3	25,647.31	8,509,681.30	594.23	4,829,316.71	76,320.49
4	708,534.09	-2,736,524.19	82,016.64	370,461.06	-543,157.32
5	169,361.84	-6,025,408.63	5,765,837.92	98,845,280.75	-8,318,264.97
6	32,489.26	9,374,953.18	40,294,163.87	170,578.34	65,441.75
7	574,108.70	3,051,725.07	1,420.36	81,659.67	907,132.83
8	620,975.85	-8,238,074.56	359,065.71	2,530.93	1,742,698.41
9	216,450.19	5,997,168.94	28,546,709.18	76,038,695.80	30,815.68
10	97,846.92	4,076,480.52	623,682.43	1,496,421.27	85,973.50
11	601,733.47		4,980,348.19	54,720,563.92	-2,796,089.14
12	43,629.15		607.37	3,284.09	-50,356.20
13	835,218.07		3,258.71		-427,582.96
14			71,529.60		61,070.21
15			9,841.05		
計					

答えの	小計	小計(6)~(8)		小計(9)~(10)	
	合計	合計F(6)~(10)			

	(6)	(7)	(8)	(9)	(10)
合計Fに対する	(6)~(8)			(9)~(10)	
構成比率					

58

第 1 級　ビジネス計算部門 (制限時間30分)

(注意) I. 減価償却費・複利・複利年金の計算については，別紙の数表を用いること。

II. 答えに端数が生じた場合は(　)内の条件によって処理すること。

(1) 15年後に支払う負債¥85,730,000を年利率6%，1年1期の複利で割り引いて，いま支払うとすればその金額はいくらか。(¥100未満切り上げ)

答_____

(2) 額面¥57,080,000の約束手形を7月2日に割引率年4.05%で割り引くと，手取金はいくらか。ただし，満期は9月11日とする。
(両端入れ，割引料の円未満切り捨て)

答_____

(3) 原価の34%の利益を見込んで予定売価をつけた商品を，予定売価の15%引きで販売したところ，利益額が¥8,722,250になった。原価はいくらであったか。

答_____

(4) 元金¥69,350,000を単利で3月11日から5月8日まで借り入れ，期日に元利合計¥69,708,150を支払った。利率は年何パーセントであったか。パーセントの小数第2位まで求めよ。(片落とし)

答_____

(5) 取得価額¥23,540,000　耐用年数14年の固定資産を定額法で減価償却すれば，第8期首帳簿価額はいくらになるか。ただし，決算は年1回，残存簿価¥1とする。

答_____

(6) ¥6,100,000を年利率2.5%，1年1期の複利で借り入れた。これを毎年末に等額ずつ支払って13年間で完済するとき，毎期の年賦金はいくらになるか。
(円未満4捨5入)

答_____

(7) ある商品を20米トン仕入れ，代金として$435,700を支払った。この商品の仕入値段は120kgにつき円でいくらか。ただし，1米トン＝907.2kg，$1＝¥140.60とする。(計算の最終で円未満4捨5入)

答_____

(8) 次の株式の指値は，それぞれいくらか。（銘柄D・Eは円未満切り捨て，Fは¥5
　　未満は切り捨て・¥5以上¥10未満は¥5とする）

銘柄	配　当　金	希望利回り	指　　値
D	1株につき年　　　　¥1.60	0.7%	
E	1株につき年　　　　¥9.30	1.4%	
F	1株につき年　　　¥89.00	2.1%	

(9) 次の3口の貸付金の利息を積数法によって計算すると，元利合計はいくらになる
　　か。ただし，いずれも期日は12月14日，利率は年4.26％とする。
　　（片落とし，円未満切り捨て）

　　　　　　　　貸付金額　　　　　　貸付日
　　　　　　¥20,760,000　　　　9月22日
　　　　　　¥38,590,000　　　10月 4日
　　　　　　¥19,720,000　　　11月 1日
　　　　　　　　　　　　　　　　　　　　　　　　　　　　　　答＿＿＿＿＿＿＿＿＿

(10) 毎半年末に¥723,000ずつ9年間支払う年金の終価はいくらか。ただし，年利
　　率7％，半年1期の複利とする。（円未満4捨5入）
　　　　　　　　　　　　　　　　　　　　　　　　　　　　　　答＿＿＿＿＿＿＿＿＿

(11) 原価¥21,950,000の商品を仕入れ，諸掛り¥3,050,000を支払った。この
　　商品に諸掛込原価の3割8分の利益を見込んで予定売価をつけたが，値引きして
　　¥27,117,000で販売した。値引額は予定売価の何割何分何厘であったか。
　　　　　　　　　　　　　　　　　　　　　　　　　　　　　　答＿＿＿＿＿＿＿＿＿

(12) 2.2％利付社債，額面¥8,400,000を7月25日に市場価格¥99.25で買い入れ
　　ると，支払代金はいくらか。ただし，利払日は4月15日と10月15日である。
　　（経過日数は片落とし，経過利子の円未満切り捨て）
　　　　　　　　　　　　　　　　　　　　　　　　　　　　　　答＿＿＿＿＿＿＿＿＿

(13) 元金¥16,930,000を年利率4％，半年1期の複利で9年9か月間貸し付けると，
　　期日に受け取る元利合計はいくらになるか。ただし，端数期間は単利法による。
　　（計算の最終で円未満4捨5入）
　　　　　　　　　　　　　　　　　　　　　　　　　　　　　　答＿＿＿＿＿＿＿＿＿

(14) 株式を次のとおり売却した。手取金の総額はいくらになるか。
　　（それぞれの手数料の円未満切り捨て）

銘柄	約定値段	株　数	手　数　料
J	1株につき¥1,720	2,400株	約定代金の0.5390％ ＋ ¥6,160
K	1株につき　¥815	7,000株	約定代金の0.4620％ ＋ ¥10,010

　　　　　　　　　　　　　　　　　　　　　　　　　　　　　　答＿＿＿＿＿＿＿＿＿

1級問題②

年	組	番	名前

(/5) 毎年初めに¥496,000ずつ/0年間支払う年金の現価はいくらか。ただし，
年利率4％，/年/期の複利とする。（円未満4捨5入）

答

(/6) 4月9日満期，額面¥74,921,680の手形を/月/4日に割引率年5./3％で割り
引くと，手取金はいくらか。ただし，手形金額の¥/00未満には割引料を計算しな
いものとする。（平年，両端入れ，割引料の円未満切り捨て）

答

(/7) 毎半年末に等額ずつ積み立てて，5年後に¥3,500,000を得たい。年利率
6％，半年/期の複利とすれば，毎期の積立金はいくらになるか。（円未満4捨5入）

答

(/8) 仲立人が売り主から2.55％，買い主から2.42％の手数料を受け取る約束で商
品の売買を仲介したところ，売り主の手取金が¥//,986,350であった。仲立人の
受け取った手数料の合計額はいくらか。

答

(/9) 5箱につき¥8/,000の商品を4,200箱仕入れ，諸掛り¥564,000を支払った。
この商品に諸掛込原価の4割5分の利益を見込んで予定売価をつけたが，そのうち
2,350箱は予定売価どおりで販売し，残り全部は予定売価から/箱につき¥3,600
値引きして販売した。実売価の総額はいくらか。

答

(20) 取得価額¥96,/70,000 耐用年数23年の固定資産を定率法で減価償却する
とき，次の減価償却計算表の第4期末まで記入せよ。ただし，決算は年/回，残存
簿価¥/とする。（毎期償却限度額の円未満切り捨て）

減 価 償 却 計 算 表

期数	期首帳簿価額	償却限度額	減価償却累計額
/			
2			
3			
4			

	正答数	得　点
年　　　組　　　番		
名前	(×5)	

公益財団法人 全国商業高等学校協会主催

文 部 科 学 省 後 援

第3回 ビジネス計算実務検定模擬試験

第 1 級 普通計算部門　(制限時間 A・B・C合わせて30分)

(A) 乗 算 問 題

(注意) 円未満4捨5入, 構成比率はパーセントの小数第2位未満4捨5入

		答えの小計・合計	合計Aに対する構成比率
1	¥ 63,947 × 37,564 =	(1)	(1)～(3)
2	¥ 2,218 × 42,361 =	(2)	
3	¥ 5,160 × 0.0910806 =	(3) 小計(1)～(3)	
4	¥ 90,571 × 7,289 =	(4)	(4)～(5)
5	¥ 7,824,684 × 674.8 =	(5) 小計(4)～(5)	
		合計A(1)～(5)	

(注意) セント未満4捨5入, 構成比率はパーセントの小数第2位未満4捨5入

		答えの小計・合計	合計Bに対する構成比率
6	$ 40.96 × 1,953.125 =	(6)	(6)～(8)
7	$ 6,597.02 × 45,830 =	(7)	
8	$ 3,852.79 × 0.20977 =	(8) 小計(6)～(8)	
9	$ 134.35 × 8,693 =	(9)	(9)～(10)
10	$ 81.03 × 5.014912 =	(10) 小計(9)～(10)	
		合計B(6)～(10)	

63

（B）除 算 問 題

	そろばん		電　卓	
年　　　組　　　番				
名前				

	（A）乗算得点	（B）除算得点

（注意）円未満4捨5入、構成比率はパーセントの小数第2位未満4捨5入

		答えの小計・合計	合計Cに対する構成比率
1	¥ 38,871,979 ÷ 8,347 =	(1)	(1)
2	¥ 71,890,302 ÷ 451 =	(2)	(1)～(3)
3	¥ 425,158 ÷ 786.26 =	(3)	(3)
		小計(1)～(3)	
4	¥ 1,674,335,520 ÷ 604,890 =	(4)	(4)
5	¥ 678 ÷ 0.009163 =	(5)	(4)～(5)
		小計(4)～(5)	(5)
		合計C(1)～(5)	

（注意）セント未満4捨5入、構成比率はパーセントの小数第2位未満4捨5入

		答えの小計・合計	合計Dに対する構成比率
6	€ 5,108,339.24 ÷ 55,309 =	(6)	(6)
7	€ 4,991.58 ÷ 8.0672 =	(7)	(6)～(8)
8	€ 1.71 ÷ 0.207438 =	(8)	(8)
		小計(6)～(8)	
9	€ 68,269.50 ÷ 195 =	(9)	(9)
10	€ 227,592.53 ÷ 32.14 =	(10)	(9)～(10)
		小計(9)～(10)	(10)
		合計D(6)～(10)	

64

第 1 級　普通計算部門　(制限時間　A・B・C合わせて30分)

(C) 見 取 算 問 題

(注意) 構成比率はパーセントの小数第2位未満4捨5入

No.	1	2	3	4	5
1	37,289	45,329,081	246,387	8,207,156	518,643,052
2	60,154	846,527	39,683,751	934,890	20,979,413
3	53,497	306,931,742	5,801,076	416,321	9,672,385,140
4	81,620	79,572,603	-98,412	6,750,148	-46,894,327
5	48,713	2,185,496	-159,269	538,407	8,035,712,914
6	25,906	87,710,865	40,374,520	1,369,273	789,256,026
7	94,231	609,354	7,916,843	2,475,985	650,670,539
8	76,805	128,263,940	567,198	691,032	-3,907,524,861
9	19,562	51,058,179	-64,023,955	3,143,761	-873,011,697
10	44,098	3,897,016	85,630	7,889,502	15,842,834
11	82,371	92,451,204	78,134,702	574,936	
12	50,784	236,738	-1,420,859	352,615	
13	29,656		-80,732,491	9,018,254	
14	36,147		217,604	720,343	
15	13,912		69,523	806,879	
16	61,028			4,265,197	
17	75,863			980,240	
18	97,340				
19	43,509				
20	70,485				
計					

答えの	小計(1)～(3)			小計(4)～(5)	
小計					
合計	合計E(1)～(5)				

	(1)	(2)	(3)	(4)	(5)
合計Eに対する					
構成比率	(1)～(3)			(4)～(5)	

65

(注意) 構成比率はパーセントの小数第2位未満4捨5入

No.	6	7	8	9	10
	£	£	£	£	£
1	64,237,152.93	132.05	98,317,257.08	2,687,359.14	76,584.10
2	25,356,978.14	8,495.17	459,378.21	54,316,403.29	9,623,072.83
3	89,017,036.20	612,678.39	5,138,042.94	102,795.86	219,350.37
4	30,846,328.75	904.71	64,996.07	43,516.28	1,238.95
5	98,271,605.47	23,589.66	-80,745,785.19	63,024,672.95	-3,482,015.64
6	14,685,790.34	721.50	-2,367,124.36	82,581,964.17	-540,897.49
7	73,192,264.51	4,065.42	528,475.60	2,033.70	-4,868,361.57
8	50,830,917.62	346.95	86,740.53	75,149.45	24,706.21
9	67,948,596.38	56,813.04	-121,653.41	5,739,208.60	197,349.00
10	40,254,981.09	297.58	-70,561.89	3,845.31	6,927.82
11		480.23	2,093,817.30	690,780.57	-8,637,610.38
12		127,079.30	41,862,902.65	98,748,921.06	-71,409.56
13		9,153.86	306,439.72		465,120.75
14		647.69			5,942,853.91
15		82,401.87			
計					

| 答えの | 小計 | 小計(6)～(8) | | | 小計(9)～(10) | |
| | 合計 | 合計F(6)～(10) | | | | |

| 合計Fに対する構成比率 | (6) | (7) | (8) | (9) | (10) |
| | (6)～(8) | | | (9)～(10) | |

年	組	番

そろばん	電 卓

| 名前 | | |

(C)	見取算得点		総 得 点

66

第 1 級　ビジネス計算部門 （制限時間30分）

（注意）I. 減価償却費・複利・複利年金の計算については，別紙の数表を用いること。

II. 答えに端数が生じた場合は（　）内の条件によって処理すること。

(1) 6月11日満期，額面¥31,740,000の手形を4月9日に割引率年3.24%で割り引くと，割引料はいくらか。（両端入れ，円未満切り捨て）

答_____

(2) 毎年末に¥910,000ずつ9年間支払う年金の終価はいくらか。ただし，年利率3.5%，1年1期の複利とする。（円未満4捨5入）

答_____

(3) ある商品に原価の3割8分の利益を見込んで予定売価をつけたが，予定売価から¥8,073,000値引きして販売したところ，¥11,592,000の利益となった。利益額は原価の何割何分何厘か。

答_____

(4) 元金¥25,690,000を年利率7%，1年1期の複利で6年間貸すと，複利終価はいくらか。（円未満4捨5入）

答_____

(5) 取得価額¥64,180,000　耐用年数26年の固定資産を定額法で減価償却すれば，第8期末減価償却累計額はいくらになるか。ただし，決算は年1回，残存簿価¥1とする。

答_____

(6) 株式を次のとおり買い入れた。支払総額はいくらか。
（それぞれの手数料の円未満切り捨て）

銘柄	約定値段	株　数	手 数 料
G	1株につき　¥758	3,000株	約定代金の0.864%＋　¥4,860
H	1株につき¥1,480	4,000株	約定代金の0.648%＋¥14,040

答_____

(7) 20ydにつき€5,167.40の商品を30m建にすると円でいくらになるか。ただし，1yd＝0.9144m，€1＝¥123.48とする。（計算の最終で円未満4捨5入）

答_____

(8) 元金¥14,600,000を年利率2.94%の単利で貸し付け，期日に元利合計
　　¥14,709,368を受け取った。貸付期間は何日間であったか。

答_____

(9) 毎年末に等額ずつ積み立てて，5年後に¥3,700,000を得たい。年利率5%，
　　1年1期の複利とすれば，毎期の積立金はいくらになるか。（円未満4捨5入）

答_____

(10) ある商品を予定売価の1割4分引きで販売したところ，原価の2割2分の利益を
　　得た。値引額が¥5,978,000だとすれば，原価はいくらであったか。

答_____

(11) 毎半年初めに¥140,000ずつ6年間支払う負債を，いま一時に支払えば，その
　　金額はいくらか。ただし，年利率6%，半年1期の複利とする。（円未満4捨5入）

答_____

(12) 5年3か月後に支払う負債¥89,340,000を年利率4%，半年1期の複利で割り
　　引いて，いま支払うとすればその金額はいくらか。ただし，端数期間は真割引によ
　　る。（計算の最終で¥100未満切り上げ）

答_____

(13) 10月6日満期，額面¥42,817,690の手形を8月13日に割引率年4.31%で割
　　り引くと，手取金はいくらか。ただし，手形金額の¥100未満には割引料を計算し
　　ないものとする。（両端入れ，割引料の円未満切り捨て）

答_____

(14) 仲立人が売り主から1.93%，買い主から1.87%の手数料を受け取る約束で商
　　品の売買を仲介したところ，買い主の支払総額が¥69,098,421であった。売り主
　　の手取金はいくらであったか。

答_____

(15) 1.6%利付社債，額面¥4,100,000を7月10日に市場価格¥99.15で買い入れ
　　ると，支払代金はいくらか。ただし，利払日は4月15日と10月15日とする。
　　（経過日数は片落とし，経過利子の円未満切り捨て）

答_____

(16) 取得価額¥97,650,000　耐用年数13年の固定資産を定率法で減価償却すれ
　　ば，第4期首帳簿価額はいくらになるか。ただし，決算は年1回，残存簿価¥1とする。
　　（毎期償却限度額の円未満切り捨て）

答_____

1級問題②

年	組	番	名前

(*17*) 次の3口の借入金の利息を積数法によって計算すると，利息合計はいくらになるか。ただし，いずれも期日は*9*月*12*日，利率は年*3.19*%とする。
（片落とし，円未満切り捨て）

借入金額	借入日
¥*61,340,000*	*6*月*28*日
¥*57,480,000*	*7*月*12*日
¥*39,210,000*	*8*月 *3*日

答_____

(*18*) *7*年後に償還される*2.7*%利付社債の買入価格が¥*98.35*のとき，単利最終利回りは何パーセントか。（パーセントの小数第*3*位未満切り捨て）

答_____

(*19*) *5*kgにつき¥*4,600*の商品を*5,000*kg仕入れ，諸掛り¥*280,000*を支払った。この商品に諸掛込原価の*3*割*2*分の利益を見込んで予定売価をつけ，全体の半分は予定売価の*1*割*5*分引きで販売し，残り全部は予定売価から¥*515,300*値引きして販売した。この商品全体の利益額はいくらか。

答_____

(*20*) ¥*860,000*を年利率*4.5*%，*1*年*1*期の複利で借り入れ，毎年末に等額ずつ支払って*8*年間で完済するとき，次の年賦償還表の第*4*期末まで記入せよ。
（年賦金および毎期支払利息の円未満¥捨*5*入）

年 賦 償 還 表

期数	期首未済元金	年 賦 金	支 払 利 息	元金償還高
1				
2				
3				
4				

年	組	番
名前		

正答数	得 点
（×5）	

1級問題③

公益財団法人 全国商業高等学校協会主催

文 部 科 学 省 後 援

第4回 ビジネス計算実務検定模擬試験

第 1 級 普通計算部門 （制限時間 A・B・C合わせて30分）

（A）乗 算 問 題

（注意） 円未満4捨5入、構成比率はパーセントの小数第2位未満4捨5入

		答えの小計・合計		合計Aに対する構成比率	
1	¥ 7,495 × 57,653 =	小計(1)～(3)	(1)	(1)～(3)	
2	¥ 463,171 × 0.08162 =		(2)		
3	¥ 19,864 × 3,401 =		(3)		
4	¥ 38,792 × 60,780 =	小計(4)～(5)	(4)	(4)～(5)	
5	¥ 8,250 × 90,432.27 =		(5)		
		合計A(1)～(5)			

（注意） セント未満4捨5入、構成比率はパーセントの小数第2位未満4捨5入

		答えの小計・合計		合計Bに対する構成比率	
6	€ 14.28 × 293.75 =	小計(6)～(8)	(6)	(6)～(8)	
7	€ 23,008.56 × 0.4109 =		(7)		
8	€ 520.39 × 72,694 =		(8)		
9	€ 6,705.47 × 15.918 =	小計(9)～(10)	(9)	(9)～(10)	
10	€ 96.13 × 584,836 =		(10)		
		合計B(6)～(10)			

（B）除　算　問　題

(注意)　円未満4捨5入、構成比率はパーセントの小数第2位未満4捨5入

		答えの小計・合計	合計Cに対する構成比率
1	¥ 38,386,724 ÷ 794 =	(1)	(1)
2	¥ 7,492 ÷ 0.009247 =	(2)	(2)
3	¥ 46,923,570 ÷ 306,690 =	(3) 小計(1)~(3)	(3) (1)~(3)
4	¥ 249,086 ÷ 41,623 =	(4)	(4)
5	¥ 59,791,857 ÷ 8,521 =	(5) 小計(4)~(5)	(5) (4)~(5)
		合計C(1)~(5)	

(注意)　ペンス未満4捨5入、構成比率はパーセントの小数第2位未満4捨5入

		答えの小計・合計	合計Dに対する構成比率
6	£ 1,878,514.32 ÷ 6,312 =	(6)	(6)
7	£ 54.61 ÷ 0.571805 =	(7)	(7)
8	£ 6,982,798.38 ÷ 939 =	(8) 小計(6)~(8)	(8) (6)~(8)
9	£ 9,346.35 ÷ 2,875.8 =	(9)	(9)
10	£ 85,048.26 ÷ 140.86 =	(10) 小計(9)~(10)	(10) (9)~(10)
		合計D(6)~(10)	

そろばん	（A）乗算得点	（B）除算得点
電卓		

年　　組　　番　　名前

第 １ 級　普 通 計 算 部 門　　（制限時間　A・B・C合わせて30分）

(C) 見 取 算 問 題

(注意) 構成比率はパーセントの小数第2位未満4捨5入

No.	1	2	3	4	5
1	¥509,718	¥4,028,051	¥703,489,216	¥36,390	¥937,612
2	314,362	581,967	49,001,753	972,186	15,480
3	705,409	12,794,613	8,652,743,195	28,504	60,197
4	421,176	857,340	-981,265,470	51,609,627	2,583,724
5	275,630	367,932,486	52,876,831	895,347	-71,043
6	982,325	260,754	694,137,928	7,061,473	-18,968
7	836,804	6,349,529	-2,467,350,587	10,215	306,539
8	658,291	73,106,878	-320,864,012	43,950	52,458
9	397,457	415,692	1,035,942,309	82,719	7,049,884
10	169,048	3,780,235	98,615,764	530,451	-27,360
11	243,580	105,538,426		74,032	-81,705
12	510,926	81,643,709		2,057,965	-675,141
13	872,015	9,074,912		483,286	34,276
14	798,496	295,187		63,806,778	41,931
15	641,783			91,847	50,620
16				34,562	67,269
17				129,389	94,592
18					-3,173,856
19					-432,908
20					89,025
計					

答えの	小計(1)～(3)			小計(4)～(5)	
小計 合計	合計 E (1)～(5)				

	(1)	(2)	(3)	(4)	(5)
合計Eに 対する 構成比率	(1)～(3)			(4)～(5)	

(注意) 構成比率はパーセントの小数第2位未満4捨5入

No.	6	7	8	9	10
1	$ 1,925,407.63	$ 70,521,386.09	$ 873,916.24	$ 644.27	$ 2,017.35
2	671,369.14	12,047,593.45	3,056,851.70	23,810.95	7,821,904.16
3	50,824.76	98,318,072.70	294,093.61	487,153.08	3,492.57
4	3,418,590.62	-56,482,961.94	7,125,784.58	16,352,762.89	-698,143.30
5	66,031.58	-23,659,134.67	9,637,507.90	3,268,497.04	-54,210,392.78
6	732,746.95	68,975,228.43	419,956.02	905.31	86,251.84
7	2,647,910.80	41,740,690.12	528,348.13	7,589.45	9,760.57
8	83,572.39	-36,208,415.01	4,382,631.45	2,071.60	-128,036.83
9	9,304,285.61	85,376,126.58	250,462.17	503,840.59	45,478.90
10	875,198.02	57,483,973.60	701,329.86	91,935.43	6,539.64
11	4,520,371.48		5,846,105.49	623.12	-1,681.75
12			159,230.78	70,241,398.76	-5,320,943.01
13			6,960,874.32	8,618,206.57	37,951,028.79
14				364.91	4,869.42
15					7,650.26
計					

| 答えの | 小計 | 小計(6)~(8) | | | 小計(9)~(10) | |
| | 合計 | 合計F(6)~(10) | | | | |

| 合計Fに対する構成比率 | (6) | (7) | (8) | (9) | (10) |
| | (6)~(8) | | | (9)~(10) | |

そろばん

電卓

(C) 見取算得点

総得点

年　　組　　番

名前

第 1 級　ビジネス計算部門（制限時間30分）

（注意）I. 減価償却費・複利・複利年金の計算については，別紙の数表を用いること。

II. 答えに端数が生じた場合は（　）内の条件によって処理すること。

(1) /0月/0日満期，額面￥43,5/0,000の手形を8月9日に割引率年2.84%で割り引くと，割引料はいくらか。（両端入れ，円未満切り捨て）

答_____

(2) 毎年末に￥690,000ずつ9年間支払う年金の現価はいくらか。ただし，年利率5%，/年/期の複利とする。（円未満4捨5入）

答_____

(3) 次の株式の利回りは，それぞれ何パーセントか。
（パーセントの小数第/位未満4捨5入）

銘柄	配　当　金	時　価	利　回　り
D	/株につき年　￥4.60	￥38/	
E	/株につき年　￥3.40	￥695	
F	/株につき年　￥75.00	￥2,470	

(4) 原価の3割5分の利益を見込んで予定売価をつけ，予定売価から￥846,000値引きして販売したところ，原価の2分6厘の損失となった。実売価はいくらであったか。

答_____

(5) 年利率/.83%の単利で9月/5日から//月27日まで借り入れ，期日に元利合計￥78,937,859を支払った。元金はいくらであったか。（片落とし）

答_____

(6) 取得価額￥68,470,000　耐用年数/7年の固定資産を定額法で減価償却すれば，第9期首帳簿価額はいくらになるか。ただし，決算は年/回，残存簿価￥/とする。

答_____

(7) 2.4%利付社債，額面￥7,700,000を2月/3日に市場価格￥99.55で買い入れると，支払代金はいくらか。ただし，利払日は5月/0日と//月/0日である。
（経過日数は片落とし，経過利子の円未満切り捨て）

答_____

1級問題①

【裏面につづく】

(8) 10英ガロンにつき£5,740.50の商品を30L建にすると円でいくらになるか。
ただし，1英ガロン＝4.546L，£1＝¥143.50とする。
（計算の最終で円未満4捨5入）
　　　　　　　　　　　　　　　　　　　　　　　　　　　　答_____

(9) ¥6,200,000を年利率4％，半年1期の複利で借り入れた。これを毎半年末に等
額ずつ支払って3年6か月間で完済するとき，毎期の賦金はいくらになるか。
（円未満4捨5入）
　　　　　　　　　　　　　　　　　　　　　　　　　　　　答_____

(10) 株式を次のとおり売却した。手取金の総額はいくらか。
（それぞれの手数料の円未満切り捨て）

銘柄	約定値段	株　数	手　数　料
G	1株につき　¥874	2,000株	約定代金の0.86400％＋　¥2,700
H	1株につき¥3,650	9,000株	約定代金の0.24840％＋¥114,480

　　　　　　　　　　　　　　　　　　　　　　　　　　　　答_____

(11) 10年後に支払う負債¥54,760,000を年利率3％，1年1期の複利で割り引いて，
いま支払うとすればその金額はいくらか。（¥100未満切り上げ）
　　　　　　　　　　　　　　　　　　　　　　　　　　　　答_____

(12) 仲立人が売り主から2.95％，買い主から2.84％の手数料を受け取る約束で商
品の売買を仲介したところ，仲立人の受け取った手数料の合計が¥2,049,660で
あった。買い主の支払総額はいくらであったか。
　　　　　　　　　　　　　　　　　　　　　　　　　　　　答_____

(13) 取得価額¥72,380,000　耐用年数22年の固定資産を定率法で減価償却すれ
ば，第3期末償却限度額はいくらになるか。ただし，決算は年1回，残存簿価¥1と
する。（毎期償却限度額の円未満切り捨て）
　　　　　　　　　　　　　　　　　　　　　　　　　　　　答_____

(14) 次の3口の貸付金の利息を積数法によって計算すると，元利合計はいくらにな
るか。ただし，いずれも期日は6月13日，利率は年3.34％とする。
（片落とし，円未満切り捨て）

貸付金額	貸付日
¥35,160,000	3月27日
¥26,840,000	4月14日
¥17,950,000	5月 5日

　　　　　　　　　　　　　　　　　　　　　　　　　　　　答_____

1級問題②

年	組	番	名前

76

(/5) /月/6日満期，額面￥97,624,580の手形を//月2日に割引率年4./5％で割
り引くと，手取金はいくらか。ただし，手形金額の￥/00未満には割引料を計算し
ないものとする。（両端入れ，割引料の円未満切り捨て）

答＿＿＿＿＿＿＿＿＿＿＿

(/6) 50枚につき￥76,000の商品を8,500枚仕入れ，諸掛り￥/,/90,000を支払
った。この商品に諸掛込原価の40％の利益を見込んで予定売価をつけたが，全体
の半分は予定売価の7掛半で販売し，残り全部は予定売価の7掛で販売した。実売
価の総額はいくらか。

答＿＿＿＿＿＿＿＿＿＿＿

(/7) 毎半年初めに￥5/0,000ずつ7年間支払う年金の終価はいくらか。ただし，
年利率6％，半年/期の複利とする。（円未満4捨5入）

答＿＿＿＿＿＿＿＿＿＿＿

(/8) 原価￥74,560,000の商品を仕入れ，諸掛り￥3,440,000を支払った。この
商品に諸掛込原価の/割9分の利益を見込んで予定売価をつけたが，値引きして
￥77,504,700で販売した。値引額は予定売価の何割何分何厘であったか。

答＿＿＿＿＿＿＿＿＿＿＿

(/9) 元金￥48,760,000を年利率5％，半年/期の複利で7年3か月間貸し付けると，
期日に受け取る元利合計はいくらになるか。ただし，端数期間は単利法による。
（計算の最終で円未満4捨5入）

答＿＿＿＿＿＿＿＿＿＿＿

(20) 毎年末に等額ずつ積み立てて，4年後に￥790,000を得たい。年利率5.5％，
/年/期の複利として，次の積立金表を作成せよ。
（積立金および毎期積立金利息の円未満4捨5入，過不足は最終期末の利息で調整）

積 立 金 表

期数	積 立 金	積立金利息	積立金増加高	積立金合計高
/				
2				
3				
4				
計				＿＿＿＿

年　　　組　　　番		正答数	得　点
名前		（×5）	

1級問題③

公益財団法人 全国商業高等学校協会主催
文部科学省後援

第5回 ビジネス計算実務検定模擬試験

第1級 普通計算部門　(制限時間　A・B・C合わせて30分)

(A) 乗算問題

(注意) 円未満4捨5入、構成比率はパーセントの小数第2位未満4捨5入

1	¥ 9,647 × 48,356 =
2	¥ 51,304 × 191.09 =
3	¥ 205,598 × 8,270 =
4	¥ 60,721 × 0.006537 =
5	¥ 8,463 × 7,412,062 =

答えの小計・合計		合計Aに対する構成比率	
小計(1)～(3)	(1)	(1)～(3)	
	(2)		
	(3)		
小計(4)～(5)	(4)	(4)～(5)	
	(5)		
合計A(1)～(5)			

(注意) ペンス未満4捨5入、構成比率はパーセントの小数第2位未満4捨5入

6	£ 258.16 × 0.9501 =
7	£ 369.42 × 26,678 =
8	£ 18,731.75 × 39.24 =
9	£ 43.29 × 840,385 =
10	£ 790.80 × 5,714.93 =

答えの小計・合計		合計Bに対する構成比率	
小計(6)～(8)	(6)	(6)～(8)	
	(7)		
	(8)		
小計(9)～(10)	(9)	(9)～(10)	
	(10)		
合計B(6)～(10)			

(B) 除 算 問 題

(注意) 円未満4捨5入、構成比率はパーセントの小数第2位未満4捨5入

		答えの小計・合計		合計Cに対する構成比率	
1	¥ 37,511,871 ÷ 5,469 =	小計(1)～(3)	(1)	(1)～(3)	
2	¥ 64,940,850 ÷ 127,335 =		(2)		
3	¥ 1,722 ÷ 0.0792 =		(3)		
4	¥ 76,483,523 ÷ 389.7 =	小計(4)～(5)	(4)	(4)～(5)	
5	¥ 830,912,671 ÷ 91,601 =		(5)		
		合計C(1)～(5)			

(注意) セント未満4捨5入、構成比率はパーセントの小数第2位未満4捨5入

		答えの小計・合計		合計Dに対する構成比率	
6	$ 91.98 ÷ 24.528 =	小計(6)～(8)	(6)	(6)～(8)	
7	$ 4,413.82 ÷ 0.613 =		(7)		
8	$ 3,272,693.76 ÷ 8,064 =		(8)		
9	$ 1,633,434.05 ÷ 3,025.6 =	小計(9)～(10)	(9)	(9)～(10)	
10	$ 40,314,674.40 ÷ 494,780 =		(10)		
		合計D(6)～(10)			

そろばん		(A) 乗算得点	(B) 除算得点
電卓			

年	組	番
名前		

80

第 1 級　普通計算部門　(制限時間　A・B・C合わせて30分)

(C)　見　取　算　問　題

(注意)　構成比率はパーセントの小数第2位未満4捨5入

No.	1	2	3	4	5
1	170,935	96,783	458,620,718	602,987	24,795,630
2	9,056,248	50,146	16,733,954	21,340	752,384,186
3	28,713	-84,239	643,092,147	468,075	1,407,619,062
4	764,084	-38,612	504,257,829	13,526	80,972,515
5	3,495,126	-17,050	81,976,385	79,201	693,460,894
6	82,591	60,497	92,369,074	-546,153	2,038,127,650
7	537,360	25,924	719,534,513	-910,438	579,835,421
8	16,857	31,758	27,808,601	37,064	96,318,743
9	4,803,209	79,376	830,415,490	16,582	4,227,503,961
10	319,472	-42,801	65,240,267	-851,899	305,847,817
11	50,668	-63,564	32,581,489	205,310	
12	2,645,741	85,215	970,162,836	42,735	
13	981,025	39,431	59,609,172	-34,867	
14	69,730	57,109		-975,941	
15	8,324,916	72,082		-367,478	
16		-24,698		682,694	
17		-10,527		70,382	
18		68,903		192,509	
19		91,365			
20		44,870			
計					

答えの小計合計	小計(1)～(3)	小計(4)～(5)
	合計E(1)～(5)	

合計Eに対する構成比率	(1)～(3)	(4)～(5)

(1)	(2)	(3)	(4)	(5)

81

(注意) 構成比率はパーセントの小数第2位未満4捨5入

No.	6	7	8	9	10
	€	€	€	€	€
1	54,107.29	4,621,740.96	73,897,548.02	3,678.41	83,120.04
2	2,568.37	3,157,027.19	98,436,926.11	80,129.06	5,879,648.21
3	87,342.65	1,762,539.27	67,083,218.50	26,045,613.48	957,469.35
4	401,915.80	86,514,961.03	59,368,752.39	1,792,576.95	41,385.42
5	684.92	-7,948,815.64	12,407,130.42	510,985.34	-390,876.17
6	3,279.04	-9,589,302.85	80,519,812.59	63,629,137.20	-1,465,718.69
7	169,123.59	8,206,184.50	41,731,429.65	7,554.39	-28,034.90
8	95,036.41	5,730,852.43	76,354,703.94	12,891.82	710,262.73
9	824,590.16	-23,804,637.91	30,681,645.20	4,056,748.57	53,603.54
10	387.75	-9,295,286.07	26,976,504.84	87,209,384.10	4,230,159.86
11	50,813.58	6,473,914.32		923,763.45	-82,931.62
12	6,751.60	1,065,403.78			-2,074,127.58
13	420.47				16,591.70
14	249,806.23				609,789.43
15	78,639.71				
計					

答えの 小計 合計	小計(6)～(8)			小計(9)～(10)	
	合計F(6)～(10)				(10)

合計Fに 対する 構成比率	(6)～(8)	(7)	(8)	(9)	(9)～(10)
	(6)				

	年　　組　　番	そろばん	電　卓	(C) 見取算得点	総　得　点
	名前				

82

第 1 級　ビジネス計算部門 (制限時間30分)

(注意) I. 減価償却費・複利・複利年金の計算については，別紙の数表を用いること。

　　　II. 答えに端数が生じた場合は( )内の条件によって処理すること。

(1) 4月7日満期，額面¥76,950,000の手形を2月16日に割引率年2.45%で割り
引くと，割引料はいくらか。(平年，両端入れ，円未満切り捨て)

答_____

(2) 元金¥14,820,000を年利率6%，半年1期の複利で5年間貸すと，複利終価は
いくらか。(円未満4捨5入)

答_____

(3) ある商品に原価の3割1分の利益を見込んで予定売価をつけ，予定売価から
¥9,792,000値引きして販売したところ，原価の1割5分の利益となった。実売価
はいくらであったか。

答_____

(4) 毎年末に等額ずつ積み立てて，7年後に¥3,400,000を得たい。年利率3.5%，
1年1期の複利とすれば，毎期の積立金はいくらになるか。(円未満4捨5入)

答_____

(5) 取得価額¥43,720,000　耐用年数19年の固定資産を定額法で減価償却すれ
ば，第11期末減価償却累計額はいくらになるか。ただし，決算は年1回，残存簿
価¥1とする。

答_____

(6) 1.7%利付社債，額面¥8,100,000を11月18日に市場価格¥98.35で買い入れ
ると，支払代金はいくらか。ただし，利払日は3月20日と9月20日とする。
(経過日数は片落とし，経過利子の円未満切り捨て)

答_____

(7) 30ydにつき€29,048.60の商品を60m建にすると円でいくらになるか。
ただし，1yd＝0.9144m，€1＝¥128.50とする。(計算の最終で円未満4捨5入)

答_____

(8) 元金¥83,950,000を単利で6月23日から9月16日まで貸し付け，期日に元利
合計¥84,755,460を受け取った。利率は年何パーセントであったか。パーセント
の小数第2位まで求めよ。(片落とし)

答_____

1級問題①

【裏面につづく】

(9) 毎半年末に¥520,000ずつ6年間支払う年金の終価はいくらか。ただし、年利率4%、半年1期の複利とする。（円未満4捨5入）

答_____

(10) 株式を次のとおり買い入れた。支払総額はいくらか。
（それぞれの手数料の円未満切り捨て）

銘柄	約定値段	株 数	手 数 料
G	1株につき ¥943	7,000株	約定代金の0.5292% ＋ ¥6,048
H	1株につき¥4,691	5,000株	約定代金の0.4158% ＋ ¥13,608

答_____

(11) 仲立人が売り主から2.38%、買い主から2.46%の手数料を受け取る約束で商品の売買を仲介したところ、売り主の手取金が¥15,814,440であった。仲立人の受け取った手数料の合計額はいくらか。

答_____

(12) ¥7,900,000を年利率6%、半年1期の複利で借り入れた。これを毎半年末に等額ずつ支払って5年間で完済するとき、毎期の賦金はいくらになるか。
（円未満4捨5入）

答_____

(13) ある商品を原価の3割4分の利益を見込んで予定売価をつけたが、予定売価から¥936,000値引きして販売したところ、利益額が¥1,274,000となった。利益額は原価の何割何分何厘か。

答_____

(14) 次の3口の借入金の利息を積数法によって計算すると、利息合計はいくらになるか。ただし、いずれも期日は7月16日、利率は年3.47%とする。
（片落とし、円未満切り捨て）

　　　　　借入金額　　　　　借入日
　　　　¥72,310,000　　　　4月25日
　　　　¥54,960,000　　　　5月19日
　　　　¥18,270,000　　　　6月 3日

答_____

(15) 12年6か月後に支払う負債¥95,160,000を年利率2.5%、1年1期の複利で割り引いて、いま支払うとすればその金額はいくらか。ただし、端数期間は真割引による。（計算の最終で¥100未満切り上げ）

答_____

1級問題②

年	組	番	名前

84

(/6) 8月/6日満期，額面￥2/,758,690の手形を5月22日に割引率年4.3/％で割り引くと，手取金はいくらか。ただし，手形金額の￥/00未満には割引料を計算しないものとする。（両端入れ，割引料の円未満切り捨て）

答

(/7) 毎年初めに￥840,000ずつ8年間支払う負債を，いま一時に支払えば，その金額はいくらか。ただし，年利率5％，/年/期の複利とする。（円未満4捨5入）

答

(/8) 8年後に償還される2.3％利付社債の買入価格が￥99.65のとき，単利最終利回りは何パーセントか。（パーセントの小数第3位未満切り捨て）

答 _____

(/9) ある商品900箱を/箱につき￥4,080で仕入れ，原価の3割5分の利益を見込んで予定売価をつけた。このうち600箱は予定売価どおりで販売し，残り全部は予定売価から/箱につき￥650値引きして販売した。実売価の総額はいくらか。

答 _____

(20) 取得価額￥6/,840,000　耐用年数27年の固定資産を定率法で減価償却するとき，次の減価償却計算表の第4期末まで記入せよ。ただし，決算は年/回，残存簿価￥/とする。（毎期償却限度額の円未満切り捨て）

減 価 償 却 計 算 表

期数	期首帳簿価額	償却限度額	減価償却累計額
/			
2			
3			
4			

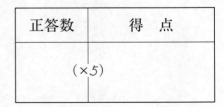

年	組	番
名前		

正答数	得　点
（×5）	

1級問題③

85

公益財団法人 全国商業高等学校協会主催
文 部 科 学 省 後 援

第6回 ビジネス計算実務検定模擬試験

第 1 級 普 通 計 算 部 門 （制限時間 A・B・C合わせて30分）

（A）乗 算 問 題

（注意）円未満4捨5入、構成比率はパーセントの小数第2位未満4捨5入

1	¥	3,958 × 54,864 =
2	¥	75,270 × 0.6592 =
3	¥	118,569 × 8.243 =
4	¥	60,314 × 13,637 =
5	¥	9,732 × 3,017,980 =

答えの小計・合計		合計Aに対する構成比率	
小計(1)～(3)	(1)	(1)～(3)	
	(2)		
	(3)		
小計(4)～(5)	(4)	(4)～(5)	
	(5)		
合計A(1)～(5)			

（注意）セント未満4捨5入、構成比率はパーセントの小数第2位未満4捨5入

6	$	20.87 × 46.9076 =
7	$	68.41 × 50,421 =
8	$	8,346.25 × 723.88 =
9	$	571.06 × 27,519 =
10	$	40,294.93 × 0.009105 =

答えの小計・合計		合計Bに対する構成比率	
小計(6)～(8)	(6)	(6)～(8)	
	(7)		
	(8)		
小計(9)～(10)	(9)	(9)～(10)	
	(10)		
合計B(6)～(10)			

（B）除　算　問　題

（注意）円未満4捨5入、構成比率はパーセントの小数第2位未満4捨5入

		答えの小計・合計	合計Cに対する構成比率
1	¥ 29,865,900 ÷ 8,475 =	(1)	(1)～(3)
2	¥ 1,611,558 ÷ 368.62 =	(2)	
3	¥ 33,651,570 ÷ 410 =	(3)	
4	¥ 96,916,317 ÷ 163,987 =	(4) 小計(1)～(3)	(4)～(5)
5	¥ 42,815 ÷ 0.07021 =	(5) 小計(4)～(5)	
		合計C(1)～(5)	

（注意）セント未満4捨5入、構成比率はパーセントの小数第2位未満4捨5入

		答えの小計・合計	合計Dに対する構成比率
6	€ 22,263.12 ÷ 95.04 =	(6)	(6)～(8)
7	€ 43,202.20 ÷ 22,738 =	(7)	
8	€ 612.40 ÷ 0.80149 =	(8)	
9	€ 33,660.14 ÷ 6.53 =	(9) 小計(6)～(8)	(9)～(10)
10	€ 53,164,805.76 ÷ 571,296 =	(10) 小計(9)～(10)	
		合計D(6)～(10)	

	そろばん		（A）乗算得点	（B）除算得点
年　　組　　番				
名前	電　卓			

88

第 1 級　普　通　計　算　部　門

（C）見　取　算　問　題

（制限時間　A・B・C合わせて30分）

（注意）構成比率はパーセントの小数第2位未満4捨5入

No.	1	2	3	4	5
1	¥ 59,680,723	¥ 256,178	¥ 74,091	¥ 486,305,549	¥ 82,196
2	7,039,146	308,945	2,590,268	19,813,724	9,574,310
3	3,015,174,289	713,582	43,750	8,395,327,806	16,874
4	632,498,650	147,269	86,136	570,462,912	40,237
5	812,074	685,007	971,067,823	27,186,490	−35,941
6	4,190,643,527	579,321	−312,489	7,608,591,328	−264,605
7	29,756,931	803,496	−70,538,354	361,078,143	−5,891,768
8	1,876,205,488	412,753	−15,602	93,794,035	63,507
9	7,368,316	364,810	51,947	1,752,025,416	48,052
10	921,502	195,234	8,420,875	634,506,897	−59,820
11	2,604,584,795	651,609	39,614		8,115,469
12	163,857,340	830,425	28,664,593		97,384
13		929,870	58,016		76,128
14		407,631	−173,927		−32,092
15		759,284	−654,701,290		−708,679
16			94,382		−67,583
17					1,302,401
18					20,369
19					54,213
20					39,745
計					

答えの	小計(1)～(3)		小計(4)～(5)	
小計	合計E(1)～(5)			
合計				

	(1)	(2)	(3)	(4)	(5)
合計Eに対する構成比率					
	(1)～(3)			(4)～(5)	

89

(注意) 構成比率はパーセントの小数第2位未満4捨5入

No.	6	7	8	9	10
	£	£	£	£	£
1	83,175,406.52	1,623,809.67	9,427.35	67,489.30	377,862.74
2	49,901,253.78	534,172.50	3,657,618.02	182,071.94	6,056,410.81
3	14,236,079.63	81,936.84	64,051.29	−79,235.62	983,251.30
4	76,984,320.41	9,057,521.48	−2,803,798.50	4,046.15	149,789.56
5	34,658,791.85	63,702.79	−475,102.17	954.36	5,094,673.98
6	62,815,263.90	96,495.01	56,816,940.86	−453,192.58	7,412,035.46
7	21,093,514.56	7,140,326.59	3,389.60	−81,743.97	4,269,106.25
8	13,429,687.37	8,924,638.76	41,863.48	3,578.49	528,347.12
9	98,047,856.78	219,044.15	−8,276.54	15,690.73	840,928.67
10	59,201,708.26	302,853.62	−7,934,524.73	861.04	701,581.89
11		4,871,586.03	−10,582,135.97	−506,317.26	2,635,193.40
12			5,090,841.64	−622.70	9,124,965.03
13			268,912.39	7,103.81	873,053.29
14			7,293.71	308,245.02	
15				29,586.98	
計					

答えの 小計 合計	小計(6)～(8)			小計(9)～(10)	
	合計F(6)～(10)				

合計Fに 対する 構成比率	(6)	(7)	(8)	(9)	(10)
	(6)～(8)			(9)～(10)	

	そろばん	番	組	年
	電 卓			

名前

(C) 見取算得点	見取算得点	総 得 点

第 1 級　ビジネス計算部門 （制限時間30分）

（注意）I. 減価償却費・複利・複利年金の計算については，別紙の数表を用いること。

II. 答えに端数が生じた場合は（ ）内の条件によって処理すること。

(1) 6月3日満期，額面¥51,790,000の手形を4月8日に割引率年3.37%で割り引くと，割引料はいくらか。（両端入れ，円未満切り捨て）

答_____

(2) 毎半年末に¥850,000ずつ5年6か月間支払う負債をいま一時に支払えば，その金額はいくらか。ただし，年利率7%，半年1期の複利とする。（円未満4捨5入）

答_____

(3) 予定売価¥32,200,000の商品を値引きして販売したところ，原価の3分4厘にあたる¥969,000の損失となった。値引額は予定売価の何割何分何厘であったか。

答_____

(4) 1.9%利付社債，額面¥9,500,000を7月12日に市場価格¥99.45で買い入れると，支払代金はいくらか。ただし，利払日は4月15日と10月15日である。（経過日数は片落とし，経過利子の円未満切り捨て）

答_____

(5) 取得価額¥17,660,000　耐用年数15年の固定資産を定額法で減価償却すれば，第7期首帳簿価額はいくらになるか。ただし，決算は年1回，残存簿価¥1とする。

答_____

(6) 20lbにつき£4,531.80の商品を30kg建にすると円でいくらになるか。ただし，1lb=0.4536kg，£1=¥148.30とする。（計算の最終で円未満4捨5入）

答_____

(7) 元金¥25,550,000を年利率0.324%の単利で貸し付け，期日に元利合計¥25,571,546を受け取った。貸付期間は何日間であったか。

答_____

(8) 株式を次のとおり売却した。手取金の総額はいくらか。
（それぞれの手数料の円未満切り捨て）

銘柄	約定値段	株　数	手　数　料
J	1株につき ¥592	3,000株	約定代金の0.8640% + ¥3,327
K	1株につき ¥6,073	5,000株	約定代金の0.2592% + ¥114,999

答_____

1級問題①

(9) 毎半年末に等額ずつ積み立てて，3年後に¥4,200,000を得たい。年利率5%，半年1期の複利とすれば，毎期の積立金はいくらになるか。（円未満4捨5入）

答 _____

(10) 仲立人が売り主から3.35%，買い主から3.21%の手数料を受け取る約束で商品の売買を仲介したところ，買い主の支払総額が¥85,395,954であった。売り主の手取金はいくらか。

答 _____

(11) 7年後に支払う負債¥92,310,000を年利率5%，半年1期の複利で割り引いて，いま支払うとすればその金額はいくらか。（¥100未満切り上げ）

答 _____

(12) 次の3口の貸付金の利息を積数法によって計算すると，元利合計はいくらになるか。ただし，いずれも期日は11月7日，利率は年2.17%とする。
（片落とし，円未満切り捨て）

貸付金額	貸付日
¥27,380,000	8月25日
¥41,920,000	9月12日
¥68,570,000	10月 6日

答 _____

(13) 10月18日満期，額面¥56,847,390の手形を8月9日に割引率年5.24%で割り引くと，手取金はいくらか。ただし，手形金額の¥100未満には割引料を計算しないものとする。（両端入れ，割引料の円未満切り捨て）

答 _____

(14) 元金¥72,360,000を年利率3.5%，1年1期の複利で8年3か月間貸し付けると，期日に受け取る元利合計はいくらになるか。ただし，端数期間は単利法による。（計算の最終で円未満4捨5入）

答 _____

(15) ある商品を予定売価から¥5,400,000値引きして販売したところ，原価の3.5%の利益となった。値引額が予定売価の8%にあたるとすれば，利益額はいくらであったか。

答 _____

(16) 6年後に償還される1.8%利付社債の買入価格が¥99.75のとき，単利最終利回りは何パーセントか。（パーセントの小数第3位未満切り捨て）

答 _____

1級問題②

年	組	番	名前

92

(/7) 取得価額￥67,840,000 耐用年数9年の固定資産を定率法で減価償却すれ
ば，第3期末減価償却累計額はいくらになるか。ただし，決算は年/回，残存簿価
￥/とする。（毎期償却限度額の円未満切り捨て）

答＿＿＿＿＿＿＿＿＿

(/8) 毎年初めに￥730,000ずつ6年間支払う年金の終価はいくらか。ただし，年利
率6%，/年/期の複利とする。（円未満4捨5入）

答＿＿＿＿＿＿＿＿＿

(/9) 原価￥3,450,000の商品を仕入れ，諸掛り￥/90,000を支払った。この商品
に諸掛込原価の2割5分の利益を見込んで予定売価をつけ，全体の半分は予定売価
の8掛半で販売し，残り全部は予定売価の8掛で販売した。実売価の総額はいくらか。

答＿＿＿＿＿＿＿＿＿

(20) ￥480,000を年利率5%，/年/期の複利で借り入れ，毎年末に等額ずつ支払
って4年間で完済するとき，次の年賦償還表を記入せよ。
（年賦金および毎期支払利息の円未満4捨5入，過不足は最終期末の利息で調整）

年 賦 償 還 表

期数	期首未済元金	年 賦 金	支 払 利 息	元金償還高
/				
2				
3				
4				
計	———			

年	組	番
名前		

正答数	得 点
（×5）	

1 級問題③

第7回 ビジネス計算実務検定模擬試験

第 1 級　普 通 計 算 部 門 （制限時間　A・B・C合わせて30分）

(A) 乗 算 問 題

（注意）円未満4捨5入，構成比率はパーセントの小数第2位未満4捨5入

		答えの小計・合計		合計Aに対する構成比率	
1	¥ 79,564 × 8,346 =	小計(1)〜(3)	(1)	(1)〜(3)	
2	¥ 358,129 × 1,082 =		(2)		
3	¥ 6,370 × 0.75719 =		(3)		
4	¥ 444,785 × 54,023 =	小計(4)〜(5)	(4)	(4)〜(5)	
5	¥ 2,031 × 417.6094 =		(5)		
		合計A(1)〜(5)			

（注意）セント未満4捨5入，構成比率はパーセントの小数第2位未満4捨5入

		答えの小計・合計		合計Bに対する構成比率	
6	€ 18.96 × 504,287 =	小計(6)〜(8)	(6)	(6)〜(8)	
7	€ 9,721.43 × 0.0027351 =		(7)		
8	€ 59.07 × 9.1368 =		(8)		
9	€ 80,616.52 × 3,860 =	小計(9)〜(10)	(9)	(9)〜(10)	
10	€ 302.48 × 699.25 =		(10)		
		合計B(6)〜(10)			

(B) 除 算 問 題

(注意) 円未満4捨5入、構成比率はパーセントの小数第2位未満4捨5入

1	¥ 27,172,158 ÷ 4,953 =
2	¥ 378 ÷ 0.838719 =
3	¥ 9,082,348 ÷ 604 =
4	¥ 123,257 ÷ 31.028 =
5	¥ 4,932,857,070 ÷ 7,465 =

答えの小計・合計	合計Cに対する構成比率	
小計(1)～(3)	(1)	(1)～(3)
	(2)	
	(3)	
小計(4)～(5)	(4)	(4)～(5)
	(5)	
合計C(1)～(5)		

(注意) ペンス未満4捨5入、構成比率はパーセントの小数第2位未満4捨5入

6	£ 7,403,132.85 ÷ 90,558.2 =
7	£ 1,560.76 ÷ 2.136 =
8	£ 53,547,515.93 ÷ 56,891 =
9	£ 72.62 ÷ 0.0347 =
10	£ 68,984.80 ÷ 16,270 =

答えの小計・合計	合計Dに対する構成比率	
小計(6)～(8)	(6)	(6)～(8)
	(7)	
	(8)	
小計(9)～(10)	(9)	(9)～(10)
	(10)	
合計D(6)～(10)		

	そろばん	(A) 乗算得点	(B) 除算得点
	電卓		

名前　　　　　　　年　　　組　　　番

第 1 級　普 通 計 算 部 門　（制限時間　A・B・C合わせて30分）

(C) 見 取 算 問 題

(注意) 構成比率はパーセントの小数第2位未満4捨5入

No.	1	2	3	4	5
1	¥ 15,629	¥ 528,076,943	¥ 214,986	¥ 87,392,060	¥ 643,047
2	43,780	73,495,861	5,890,713	614,358	92,516,972
3	89,216	3,605,127,409	463,297	50,281,942	-1,058,490
4	70,453	299,783,254	-957,608	175,836	-34,185
5	61,747	10,368,172	-3,286,451	9,046,218	23,709,556
6	54,032	9,064,853,015	7,031,140	476,529,672	821,931
7	27,968	456,319,620	509,379	13,803,487	57,423
8	38,501	6,167,930,782	182,035	8,457,109	-40,173,618
9	72,394	31,241,508	6,345,804	260,721	78,910,270
10	90,875	847,592,876	-2,678,523	74,935,195	2,404,869
11	83,106		136,912	305,488,579	625,384
12	46,719		8,427,246	23,613,964	-92,651
13	69,520		394,165		-81,346,879
14	21,335		-9,743,082		7,205,738
15	30,984		-615,478		560,963
16	18,657		-8,950,790		
17	59,148		702,561		
18	76,802				
19	93,261				
20	42,570				
計					

答えの小計　小計(1)～(3)　小計(4)～(5)

合計　合計E(1)～(5)

	(1)	(2)	(3)	(4)	(5)
合計Eに対する構成比率	(1)～(3)			(4)～(5)	

97

(注意) 構成比率はパーセントの小数第2位未満4捨5入

No.	6	7	8	9	10
1	$ 481,075.32	$ 7,289,620.45	$ 3,179,209.18	$ 685,900.14	$ 94,726.81
2	6,934,286.01	3,537,482.90	54,698,513.29	76,231.89	867,543.62
3	79,514.73	-6,192,359.71	8,067,442.64	52,450,387.46	4,910.37
4	1,258,701.68	4,068,541.86	715,784.32	9,617,698.35	366.09
5	3,897.51	8,371,805.64	69,284,065.90	208,417.23	-58,627.48
6	506,122.49	2,946,039.17	10,816,352.73	63,201.98	-2,105.23
7	94,658.14	5,124,770.63	2,954,238.56	16,491,529.37	-673,251.70
8	8,047,940.86	-9,275,215.34	572,501.87	8,059,654.83	19,789.26
9	628,396.45	-8,097,638.12	936,720.41	346,182.54	872.90
10	5,263.76	1,340,856.09	4,898,019.73	78,240.71	30,690.54
11	7,302,439.89		61,304,970.35	1,295,073.60	-912,034.15
12	135,670.27			47,057,121.45	-7,468.01
13	20,741.90			379,386.02	45,831.49
14	9,053,159.38				298,150.83
15					535.47
計					

| 答えの 小計 合計 | 小計(6)~(8) | | | 小計(9)~(10) | |
| | 合計F (6)~(10) | | | | |

| 合計Fに 対する 構成比率 | (6) | (7) | (8) | (9) | (10) |
| | (6)~(8) | | | (9)~(10) | |

(C) 見取算得点			
そろばん		番	総 得 点
電 卓			

年　　　組　　　番　　　名前

第 1 級　ビジネス計算部門 （制限時間30分）

(注意) I. 減価償却費・複利・複利年金の計算については，別紙の数表を用いること。

II. 答えに端数が生じた場合は（　）内の条件によって処理すること。

(1) 額面¥76,350,000の約束手形を1月12日に割引率年2.62％で割り引くと，手取金はいくらか。ただし，満期は4月5日とする。
（平年，両端入れ，割引料の円未満切り捨て）

答_____

(2) 元金¥63,810,000を年利率5％，半年1期の複利で6年間貸すと，元利合計はいくらか。（円未満4捨5入）

答_____

(3) ある商品を予定売価の2割引きで販売したところ，原価の2割5分の利益を得た。値引額が¥16,875,000とすれば，原価はいくらか。

答_____

(4) 取得価額¥30,460,000　耐用年数29年の固定資産を定額法で減価償却すれば，第4期末減価償却累計額はいくらになるか。ただし，決算は年1回，残存簿価¥1とする。

答_____

(5) 毎年末に¥860,000ずつ10年間支払う負債を，いま一時に支払えば，その金額はいくらか。ただし，年利率6％，1年1期の複利とする。（円未満4捨5入）

答_____

(6) ある商品を10米トン仕入れ，代金として$624,800を支払った。この商品の仕入値段は150kgにつき円でいくらであったか。ただし，1米トン＝907.2kg，$1＝¥118.30とする。（計算の最終で円未満4捨5入）

答_____

(7) ¥2,500,000を年利率7％，半年1期の複利で借り入れた。これを毎半年末に等額ずつ支払って4年間で完済するとき，毎期の賦金はいくらになるか。（円未満4捨5入）

答_____

(8) 6年9か月後に支払う負債¥59,120,000を年利率2％，1年1期の複利で割り引いて，いま支払うとすればその金額はいくらか。ただし，端数期間は真割引による。（計算の最終で¥100未満切り上げ）

答_____

1級問題①　　　　　　　　　　　　【裏面につづく】

(9) 元金¥47,450,000を単利で/0月5日から/2月/0日まで借り入れ，期日に元利
合計¥47,748,584を支払った。利率は年何パーセントであったか。パーセントの
小数第2位まで求めよ。(片落とし)

答_____

(/0) 仲立人が売り主から3.43%，買い主から3.67%の手数料を受け取る約束で商
品の売買を仲介したところ，売り主の手取金が¥90,/96,380であった。買い主の
支払総額はいくらであったか。

答_____

(//) 株式を次のとおり買い入れた。支払総額はいくらか。
(それぞれの手数料の円未満切り捨て)

銘柄	約定値段	株 数	手 数 料
G	/株につき　¥6/2	7,000株	約定代金の0.756%　+　¥8,640
H	/株につき¥2,34/	4,000株	約定代金の0.648%　+　¥14,040

答_____

(/2) 毎半年初めに¥640,000ずつ6年間支払う年金の終価はいくらか。ただし，
年利率5%，半年/期の複利とする。(円未満4捨5入)

答_____

(/3) 取得価額¥/9,750,000　耐用年数/8年の固定資産を定率法で減価償却すれ
ば，第5期首帳簿価額はいくらになるか。ただし，決算は年/回，残存簿価¥/と
する。(毎期償却限度額の円未満切り捨て)

答_____

(/4) 7年後に償還される2./%利付社債の買入価格が¥99.25のとき，単利最終利
回りは何パーセントか。(パーセントの小数第3位未満切り捨て)

答_____

(/5) /0月/5日満期，額面¥6/,423,590の約束手形を8月9日に割引率年4.67%
で割り引くと，手取金はいくらか。ただし，手形金額の¥/00未満には割引料を計
算しないものとする。(両端入れ，割引料の円未満切り捨て)

答_____

(/6) /.3%利付社債，額面¥7,/00,000を6月7日に市場価格¥98.55で買い入れ
ると，支払代金はいくらか。ただし，利払日は3月20日と9月20日とする。
(経過日数は片落とし，経過利子の円未満切り捨て)

答_____

(/7) ある商品を原価の4割5分の利益を見込んで予定売価をつけたが，予定売価から¥989,000値引きして販売したところ，利益額が¥1,081,000となった。利益額は原価の何割何分何厘か。

答＿＿＿＿＿＿＿＿＿＿＿＿＿

(/8) 次の3口の借入金の利息を積数法によって計算すると，利息合計はいくらになるか。ただし，いずれも期日は9月/5日，利率は年/.72%とする。
（片落とし，円未満切り捨て）

借入金額	借入日
¥24,850,000	5月30日
¥37,160,000	6月/3日
¥51,290,000	7月 5日

答＿＿＿＿＿＿＿＿＿＿＿＿＿

(/9) ある商品700台を/台につき¥8,150で仕入れ，原価の3割6分の利益を見込んで予定売価をつけた。このうち半分は予定売価どおりで販売し，残り全部は予定売価から/台につき¥800値引きして販売した。実売価の総額はいくらか。

答＿＿＿＿＿＿＿＿＿＿＿＿＿

(20) 毎年末に等額ずつ積み立てて，8年後に¥580,000を得たい。年利率3%，/年/期の複利として，次の積立金表の第4期末まで記入せよ。
（積立金および毎期積立金利息の円未満4捨5入）

積 立 金 表

期数	積 立 金	積立金利息	積立金増加高	積立金合計高
/				
2				
3				
4				

年 組 番	
名前	

正答数	得 点
	(×5)

1級問題③

公益財団法人　全国商業高等学校協会主催

文　部　科　学　省　後　援

第8回　ビジネス計算実務検定模擬試験

第 1 級　普通計算部門　（制限時間　A・B・C合わせて30分）

（A）乗　算　問　題

(注意) 円未満4捨5入、構成比率はパーセントの小数第2位未満4捨5入

1	¥ 9,382 × 23,649 =		
2	¥ 73,046 × 72,802 =		
3	¥ 61,775 × 0.1976 =		
4	¥ 4,860 × 94.74531 =		
5	¥ 895,413 × 3,218 =		

答えの小計・合計		合計Aに対する構成比率	
小計(1)～(3)	(1)		(1)～(3)
	(2)		
	(3)		
小計(4)～(5)	(4)		(4)～(5)
	(5)		
合計 A(1)～(5)			

(注意) ペンス未満4捨5入、構成比率はパーセントの小数第2位未満4捨5入

6	£ 2,096.59 × 510.63 =		
7	£ 570.31 × 78,390 =		
8	£ 14,262.98 × 0.006927 =		
9	£ 35.24 × 8,015.5 =		
10	£ 81.07 × 405,684 =		

答えの小計・合計		合計Bに対する構成比率	
小計(6)～(8)	(6)		(6)～(8)
	(7)		
	(8)		
小計(9)～(10)	(9)		(9)～(10)
	(10)		
合計 B(6)～(10)			

103

（B） 除 算 問 題

（注意） 円未満4捨5入、構成比率はパーセントの小数第2位未満4捨5入

		答えの小計・合計	合計Cに対する構成比率
1	￥ 98,553,570 ÷ 46,730 =	小計(1)～(3)	(1)～(3)
		(1)	
2	￥ 6,463 ÷ 0.8547 =	(2)	
3	￥ 19,811,050 ÷ 529 =	(3)	
4	￥ 3,208,623,245 ÷ 3,265 =	小計(4)～(5)	(4)～(5)
		(4)	
5	￥ 1,539,058 ÷ 1,716.98 =	(5)	
		合計C(1)～(5)	

（注意） セント未満4捨5入、構成比率はパーセントの小数第2位未満4捨5入

		答えの小計・合計	合計Dに対する構成比率
6	$ 2,851.31 ÷ 70.84 =	小計(6)～(8)	(6)～(8)
		(6)	
7	$ 142,707.77 ÷ 243.51 =	(7)	
8	$ 1,779,720.03 ÷ 913 =	(8)	
9	$ 37,580,540.88 ÷ 592,006 =	小計(9)～(10)	(9)～(10)
		(9)	
10	$ 4.96 ÷ 0.061872 =	(10)	
		合計D(6)～(10)	

	（A） 乗算得点	（B） 除算得点
そろばん		
電卓		

年	組	番
名前		

104

第 1 級　普 通 計 算 部 門

（C）見 取 算 問 題

(制限時間　A・B・C合わせて30分)

(注意) 構成比率はパーセントの小数第2位未満4捨5入

No.	1	2	3	4	5
1	¥ 50,928	¥ 95,804,371	¥ 2,084,916,740	¥ 759,023	¥ 4,385,306
2	70,293,174	2,136,426	8,159,722,314	61,849	890,715
3	9,686,203	751,894	6,543,985,601	325,372	58,127
4	27,541	46,079,035	8,671,370,489	40,916	-14,962
5	308,467	1,683,242	7,936,298,265	814,357	-37,640
6	456,149,815	-347,107	9,574,183,158	68,201	-705,593
7	12,639	-54,920,598	3,801,025,427	906,730	8,216,284
8	876,052	638,650	5,369,458,302	27,198	49,731
9	695,723,440	8,412,873	1,792,647,038	593,524	301,809
10	31,065,397	261,769	4,163,075,296	70,085	20,478
11	78,516	-12,309,918		95,462	-679,652
12	914,825	-4,573,506		134,217	-42,069
13	5,401,908	795,280		82,976	34,813
14	824,736,780			405,651	92,797
15	29,153			64,839	2,516,354
16				843,160	50,861
17				207,895	
18				18,503	
19				76,274	
20				941,738	
計					

| 答えの | 小計(1)〜(3) | | 小計(4)〜(5) | |
| 小計 合計 | 合計E(1)〜(5) | | | |

	(1)	(2)	(3)	(4)	(5)
合計Eに 対する					
構成比率	(1)〜(3)			(4)〜(5)	

105

(注意) 構成比率はパーセントの小数第2位未満4捨5入

No.	6	7	8	9	10
	€	€	€	€	€
1	140,637.84	5,368.79	81,031.95	61,758,273.92	3,983,416.67
2	93,269.05	672,574.10	4,870.62	53,021,514.28	96,845.20
3	5,485.27	91,394,082.83	295,026.80	38,836,098.64	-714,730.19
4	380,743.61	81,701.57	6,453,183.75	12,549,305.70	-41,902.86
5	811.30	7,497,165.42	-32,791.24	74,260,876.19	6,078,358.01
6	60,250.49	20,956,248.06	-5,434.61	80,934,157.63	405,126.58
7	872,984.76	418,693.31	-9,013,568.57	43,219,780.45	92,373.42
8	95,108.92	3,459.64	709,752.36	24,907,206.81	-5,138,267.93
9	7,567.18	2,519,210.58	17,245.03	91,465,328.96	27,084.38
10	239,096.57	69,875,073.20	4,608.29	963,491.54	963,491.54
11	61,521.46	12,904.68	36,917.78		-50,643.70
12	472.81	39,603,842.75	-1,041,329.43	89,374,560.17	-2,479,179.25
13			-980,278.16		82,590.61
14			8,407.65		160,472.84
15	795,340.32		64,925.89		
計					

答えの	小計	小計(6)～(8)			(8)		小計(9)～(10)		(10)
	合計	合計F(6)～(10)	(6)	(7)				(9)	

合計Fに							
対する	(6)～(8)			(8)	(9)～(10)		(10)
構成比率		(6)	(7)			(9)	

名前		年	組	番		そろばん		(C) 見取算得点	見取算得点	総 得 点
						電卓				

106

第 1 級 ビジネス計算部門 (制限時間30分)

(注意) I. 減価償却費・複利・複利年金の計算については，別紙の数表を用いること。

II. 答えに端数が生じた場合は（　）内の条件によって処理すること。

(1) 額面¥79,480,000の約束手形を8月1日に割引率年3.14%で割り引くと，
手取金はいくらか。ただし，満期は11月5日とする。
（両端入れ，割引料の円未満切り捨て）

答＿＿＿＿＿＿＿＿＿＿＿＿

(2) 12年後に支払う負債¥98,370,000を年利率3.5%，1年1期の複利で割り引い
て，いま支払うとすればその金額はいくらか。（¥100未満切り上げ）

答＿＿＿＿＿＿＿＿＿＿＿＿

(3) 年利率2.25%の単利で7月16日から12月9日まで借り入れ，期日に元利合計
¥46,797,420を支払った。元金はいくらであったか。（片落とし）

答＿＿＿＿＿＿＿＿＿＿＿＿

(4) 原価に21%の利益を見込んで予定売価をつけた商品を，予定売価の14%引き
で販売したところ，利益額が¥2,779,070になった。原価はいくらであったか。

答＿＿＿＿＿＿＿＿＿＿＿＿

(5) 取得価額¥58,910,000　耐用年数16年の固定資産を定額法で減価償却すれば，
第12期首帳簿価額はいくらになるか。ただし，決算は年1回，残存簿価¥1とする。

答＿＿＿＿＿＿＿＿＿＿＿＿

(6) ¥2,600,000を年利率3%，1年1期の複利で借り入れた。これを毎年末に等額
ずつ支払って9年間で完済するとき，毎期の年賦金はいくらになるか。
（円未満4捨5入）

答＿＿＿＿＿＿＿＿＿＿＿＿

(7) 100ydにつき $31,749.50の商品を60m建にすると円でいくらになるか。
ただし，1yd＝0.9144m，$1＝¥118.60とする。（計算の最終で円未満4捨5入）

答＿＿＿＿＿＿＿＿＿＿＿＿

(8) 次の株式の指値は，それぞれいくらか。（銘柄D・Eは円未満切り捨て，Fは¥5
未満は切り捨て・¥5以上¥10未満は¥5とする）

銘柄	配　当　金	希望利回り	指　値
D	1株につき年　¥3.70	0.9%	
E	1株につき年　¥5.20	1.8%	
F	1株につき年　¥83.00	2.6%	

1級問題①　　　　　　　　　　【裏面につづく】

(9) 次の3口の貸付金の利息を積数法によって計算すると，元利合計はいくらになる
か。ただし，いずれも期日は3月3日，利率は年2.73%とする。
(平年，片落とし，円未満切り捨て)

　　　　貸付金額　　　　　貸付日
　　　￥25,180,000　　11月29日
　　　￥43,760,000　　12月8日
　　　￥19,240,000　　　1月10日

　　　　　　　　　　　　　　　　　　　　　答_____

(10) 毎半年末に￥550,000ずつ4年間支払う年金の終価はいくらか。ただし，年利
率6%，半年1期の複利とする。(円未満4捨5入)

　　　　　　　　　　　　　　　　　　　　　答_____

(11) 原価￥16,850,000の商品を仕入れ，諸掛り￥2,150,000を支払った。この
商品に諸掛込原価の2割4分の利益を見込んで予定売価をつけたが，値引きして
￥20,638,560で販売した。値引額は予定売価の何割何分何厘であったか。

　　　　　　　　　　　　　　　　　　　　　答_____

(12) 2.3%利付社債，額面￥6,700,000を8月1日に市場価格￥99.35で買い入れ
ると，支払代金はいくらか。ただし，利払日は5月10日と11月10日である。
(経過日数は片落とし，経過利子の円未満切り捨て)

　　　　　　　　　　　　　　　　　　　　　答_____

(13) 元金￥76,140,000を年利率6%，半年1期の複利で4年3か月間貸し付けると，
期日に受け取る元利合計はいくらになるか。ただし，端数期間は単利法による。
(計算の最終で円未満4捨5入)

　　　　　　　　　　　　　　　　　　　　　答_____

(14) 株式を次のとおり売却した。手取金の総額はいくらか。
(それぞれの手数料の円未満切り捨て)

銘柄	約定値段	株　数	手　数　料
J	1株につき￥1,610	2,300株	約定代金の0.6885% ＋ ￥5,508
K	1株につき ￥749	6,000株	約定代金の0.6426% ＋ ￥7,344

　　　　　　　　　　　　　　　　　　　　　答_____

(15) 毎年初めに￥920,000ずつ8年間支払う年金の現価はいくらか。ただし，年利
率5%，1年1期の複利とする。(円未満4捨5入)

　　　　　　　　　　　　　　　　　　　　　答_____

1級問題②

年	組	番	名前

(16) 7月5日満期，額面¥58,243,790の手形を5月22日に割引率年4.33%で割り
引くと，手取金はいくらか。ただし，手形金額の¥100未満には割引料を計算しな
いものとする。（両端入れ，割引料の円未満切り捨て）

答 _____

(17) 毎半年末に等額ずつ積み立てて，5年後に¥3,100,000を得たい。年利率4%，
半年1期の複利とすれば，毎期の積立金はいくらになるか。（円未満4捨5入）

答 _____

(18) 仲立人がある商品の売買を仲介したところ，買い主の支払総額が売買価額の
3.12%の手数料を含めて¥64,491,248であった。売り主の支払った手数料が
¥2,051,312であれば，売り主の支払った手数料は売買価額の何パーセントであ
ったか。パーセントの小数第2位まで求めよ。

答

(19) 5箱につき¥95,000の商品を2,600箱仕入れ，諸掛り¥742,000を支払った。
この商品に諸掛込原価の3割8分の利益を見込んで予定売価をつけたが，そのうち
1,820箱は予定売価どおりで販売し，残り全部は予定売価から1箱につき¥4,800
値引きして販売した。実売価の総額はいくらか。

答 _____

(20) 取得価額¥83,540,000 耐用年数8年の固定資産を定率法で減価償却するとき，次の減価償却計算表の第4期末まで記入せよ。ただし，決算は年1回，残存簿価¥1とする。（毎期償却限度額の円未満切り捨て）

減 価 償 却 計 算 表

期数	期首帳簿価額	償却限度額	減価償却累計額
1			
2			
3			
4			

年　　　組　　　番		正答数	得　点
名前		(×5)	

1級問題③

公益財団法人 全国商業高等学校協会主催
文 部 科 学 省 後 援

第9回 ビジネス計算実務検定模擬試験 （制限時間 A・B・C合わせて30分）

第 1 級 普通計算部門

(A) 乗 算 問 題

（注意） 円未満4捨5入、構成比率はパーセントの小数第2位未満4捨5入

			答えの小計・合計	合計Aに対する構成比率
1	¥	14,756 × 58,273 =	(1)	(1)～(3)
2	¥	65,418 × 9,496 =	(2)	
3	¥	8,809 × 46,045 =	(3)	小計(1)～(3)
4	¥	3,021,934 × 0.007051 =	(4)	(4)～(5)
5	¥	5,067 × 691,520 =	(5)	小計(4)～(5)
			合計A(1)～(5)	

（注意） セント未満4捨5入、構成比率はパーセントの小数第2位未満4捨5入

			答えの小計・合計	合計Bに対する構成比率
6	$	876.40 × 2,639 =	(6)	(6)～(8)
7	$	43.81 × 83,247.84 =	(7)	
8	$	95.25 × 1,035.08 =	(8)	小計(6)～(8)
9	$	7,901.62 × 0.68972 =	(9)	(9)～(10)
10	$	2,392.73 × 3,117 =	(10)	小計(9)～(10)
			合計B(6)～(10)	

111

(B) 除 算 問 題

(注意) 円未満4捨5入、構成比率はパーセントの小数第2位未満4捨5入

1	¥ 444,144,245 ÷ 6,187 =
2	¥ 137,521 ÷ 31.056 =
3	¥ 61,963,587 ÷ 943 =
4	¥ 100,694,286 ÷ 253,638 =
5	¥ 804,552 ÷ 0.8204 =

答えの小計・合計	合計Cに対する構成比率	
(1)		(1)～(3)
(2)		
(3)		
小計(1)～(3)		
(4)		(4)～(5)
(5)		
小計(4)～(5)		
合計C(1)～(5)		

(注意) セント未満4捨5入、構成比率はパーセントの小数第2位未満4捨5入

6	€ 40,247.10 ÷ 147.75 =
7	€ 461,715.84 ÷ 54,192 =
8	€ 0.78 ÷ 0.0490329 =
9	€ 5,739,057.60 ÷ 7,860 =
10	€ 31,606.69 ÷ 6.21 =

答えの小計・合計	合計Dに対する構成比率	
(6)		(6)～(8)
(7)		
(8)		
小計(6)～(8)		
(9)		(9)～(10)
(10)		
小計(9)～(10)		
合計D(6)～(10)		

(A) 乗算得点	(B) 除算得点

そろばん	
電 卓	

年 組 番
名前

第 1 級　普通計算部門

（制限時間　A・B・C合わせて30分）

(C) 見取算問題

(注意)　構成比率はパーセントの小数第2位未満4捨5入

No.	1	2	3	4	5
1	¥ 269,014	¥ 798,065,230	¥ 5,862,704,613	¥ 91,548	¥ 109,386
2	108,375	61,247,819	299,023,574	82,136,097	46,543
3	742,968	273,910,354	83,650,180	-40,756	952,007
4	986,453	-685,729,508	475,241,931	-7,874,305	813,712
5	513,207	-4,582,671	2,542,896,306	86,170	69,239
6	870,546	18,404,937	67,382,095	310,265,962	70,174
7	334,891	907,697,025	398,121,468	78,019	83,450
8	497,182	5,341,566	1,725,945,107	-693,284	236,298
9	625,039	-832,163,892	73,408,764	1,271,423	405,615
10	941,760	-64,875,143	906,189,532	59,358	384,721
11	280,927	196,031,784		-34,922,641	51,879
12	157,316	30,294,205		-90,480	614,063
13	438,595			765,307,916	578,608
14	893,672			15,894	95,397
15	602,401			856,203	642,150
16				42,537	19,032
17					30,745
18					768,291
19					27,964
20					85,849
計					

答えの	小計	小計(1)～(3)			小計(4)～(5)	
	合計	合計E(1)～(5)				
		(1)	(2)	(3)	(4)	(5)
合計Eに対する	構成比率	(1)～(3)			(4)～(5)	

(注意) 構成比率はパーセントの小数第2位未満4捨5入

No.	6	7	8	9	10
	£	£	£	£	£
1	459,062.87	8,460,439.21	3,251.79	69,840,237.65	71,268.92
2	3,802,785.31	736,817.55	6,186,390.52	47,135,960.51	9,304.58
3	750,416.49	-15,308.90	2,106.84	92,481,453.62	358,051.76
4	263,691.83	5,674,123.46	7,624.90	16,872,619.28	42,986,532.05
5	5,198,243.70	49,580.71	21,597.39	82,506,788.03	-914.82
6	925,830.16	-387,352.69	84,313,640.85	63,790,342.74	-9,370,846.10
7	347,954.92	-6,272,894.57	4,835.68	50,852,973.19	-28,758.71
8	670,372.05	805,981.32	129,078.27	39,723,810.40	736,540.07
9	8,231,528.14	9,651,206.43	5,413.06	21,695,496.15	-53,649,173.11
10	564,409.67	-63,149.78	9,852,775.94	75,473,841.08	-8,694.23
11	147,610.58	2,017,094.26	8,329.31		-62,014,379.32
12	9,871,946.23		20,450,912.56		8,405,735.09
13			82,086.47		51,096,927.46
14			7,160.73		182.64
15			576,934.10		
計					

答えの	小計(6)～(8)			小計(9)～(10)	
	合計F(6)～(10)				
	(6)	(7)	(8)	(9)	(10)
合計Fに	(6)～(8)			(9)～(10)	
対する					
構成比率					

| 年 | 組 | 番 | | | そろばん | (C) 見取算得点 | 見取算得点 | 総 得 点 |
| | | | | | 電 卓 | | | |

名前

第 1 級　ビジネス計算部門 (制限時間30分)　〔第9回模擬〕

(注意) I. 減価償却費・複利・複利年金の計算については，別紙の数表を用いること。

II. 答えに端数が生じた場合は（　）内の条件によって処理すること。

(1) 額面¥21,390,000の手形を割引率年4.16％で1月13日に割り引くと，割引料はいくらか。ただし，満期は3月25日とする。（平年，両端入れ，円未満切り捨て）

答_____

(2) 元金¥17,560,000を年利率3.5％，1年1期の複利で11年間貸すと，複利終価はいくらか。（円未満4捨5入）

答_____

(3) 原価¥6,020,000の商品を販売するとき，予定売価の1割4分引きで売っても，なお，原価の2割6分の利益を得たい。予定売価をいくらにすればよいか。

答_____

(4) 毎半年末に¥463,000ずつ6年間支払う負債を，いま一時に支払えば，その金額はいくらか。ただし，年利率7％，半年1期の複利とする。（円未満4捨5入）

答_____

(5) 1.9％利付社債，額面¥8,400,000を9月13日に市場価格¥98.45で買い入れると，支払代金はいくらか。ただし，利払日は6月20日と12月20日とする。（経過日数は片落とし，経過利子の円未満切り捨て）

答_____

(6) 取得価額¥72,680,000　耐用年数17年の固定資産を定額法で減価償却すれば，第9期末減価償却累計額はいくらになるか。ただし，決算は年1回，残存簿価¥1とする。

答_____

(7) ある商品を¥5,130,000で仕入れ，諸掛りとして¥320,000を支払った。この商品に諸掛込原価の34％の利益をみて予定売価をつけたが，¥6,426,640で販売した。値引額は予定売価の何パーセントであったか。

答_____

(8) 次の3口の借入金の利息を積数法によって計算すると，元利合計はいくらになる
か。ただし，いずれも期日は//月20日，利率は年2.65%とする。
（片落とし，円未満切り捨て）

借入金額	借入日
¥45,390,000	8月23日
¥28,690,000	9月 7日
¥17,230,000	/0月/5日

答_____

(9) 毎半年末に等額ずつ積み立てて，4年後に¥6,300,000を得たい。年利率5%，
半年/期の複利とすれば，毎期の積立金はいくらになるか。（円未満4捨5入）

答_____

(/0) 株式を次のとおり買い入れた。支払総額はいくらか。
（それぞれの手数料の円未満切り捨て）

銘柄	約定値段	株 数	手 数 料
G	/株につき ¥472	8,000株	約定代金の0.92400% ＋ ¥2,835
H	/株につき ¥8,239	3,000株	約定代金の0.3/500% ＋¥98,9/0

答_____

(//) 仲立人が売り主から2./8%，買い主から2.26%の手数料を受け取る約束で商
品の売買の仲介をしたところ，買い主の支払総額が¥/2,73/,370であった。仲立
人の受け取った手数料の合計額はいくらであったか。

答_____

(/2) 毎年初めに¥24/,000ずつ9年間支払う年金の終価はいくらか。ただし，年利
率6%，/年/期の複利とする。（円未満4捨5入）

答_____

(/3) 9月30日満期，額面¥73,8/6,590の手形を7月5日に割引率年2.78%で割り
引くと，手取金はいくらか。ただし，手形金額の¥/00未満には割引料を計算しな
いものとする。（両端入れ，割引料の円未満切り捨て）

答_____

(/4) ある商品を/0米トン仕入れ，代金として$62,300を支払った。この仕入値
段は/2kgにつき円でいくらか。ただし，/米トン＝907.2kg，$/＝¥//0.80と
する。（計算の最終で円未満4捨5入）

答_____

1級問題②

年	組	番	名前

116

(15) 6年3か月後に支払う負債¥82,170,000を年利率5%，半年1期の複利で割り引いて，いま支払うとすればその金額はいくらか。ただし，端数期間は真割引による。（計算の最終で¥100未満切り上げ）

答 _____

(16) 取得価額¥58,940,000　耐用年数19年の固定資産を定率法で減価償却すれば，第5期首帳簿価額はいくらになるか。ただし，決算は年1回，残存簿価¥1とする。（毎期償却限度額の円未満切り捨て）

答 _____

(17) 9年後に償還される1.6%利付社債の買入価格が¥99.15のとき，単利最終利回りは何パーセントか。（パーセントの小数第3位未満切り捨て）

答 _____

(18) 年利率2.92%の単利で3月15日から5月21日まで借り入れ，元利合計¥69,118,500を支払った。借入金はいくらであったか。（片落とし）

答 _____

(19) 原価¥3,400,000の商品に原価の2割8分の利益をみて予定売価をつけたが，この商品のうち半分は予定売価で販売し，残り全部は市価下落のため，予定売価の1割5分引きで販売した。実売価の総額はいくらか。

答 _____

(20) ¥7,200,000を年利率4%，1年1期の複利で借り入れ，毎年末に等額ずつ支払って6年間で完済するとき，次の年賦償還表の第4期末まで記入せよ。
（年賦金および毎期支払利息の円未満4捨5入）

年 賦 償 還 表

期数	期首未済元金	年 賦 金	支 払 利 息	元金償還高
1				
2				
3				
4				

年	組	番
名前		

正答数	得　点
(×5)	

1級問題③

公益財団法人 全国商業高等学校協会主催

文　部　科　学　省　後　援

第10回 ビジネス計算実務検定模擬試験

（制限時間 A・B・C合わせて30分）

第 1 級 普 通 計 算 部 門

(A) 乗 算 問 題

(注意) 円未満4捨5入、構成比率はパーセントの小数第2位未満4捨5入

1	¥ 20,346 × 4,263 =	
2	¥ 41,279 × 93.351 =	
3	¥ 8,015 × 0.76408 =	
4	¥ 7,374,590 × 5,869 =	
5	¥ 5,623 × 120,172 =	

答えの小計・合計	合計Aに対する構成比率	
小計(1)〜(3) (1)	(1)〜(3)	
(2)		
(3)		
小計(4)〜(5) (4)	(4)〜(5)	
(5)		
合計 A(1)〜(5)		

(注意) セント未満4捨5入、構成比率はパーセントの小数第2位未満4捨5入

6	€ 19.68 × 28,475.25 =	
7	€ 38.57 × 504,914 =	
8	€ 921.04 × 0.008136 =	
9	€ 6,607.82 × 39,870 =	
10	€ 8,954.31 × 6.097 =	

答えの小計・合計	合計Bに対する構成比率	
小計(6)〜(8) (6)	(6)〜(8)	
(7)		
(8)		
小計(9)〜(10) (9)	(9)〜(10)	
(10)		
合計 B(6)〜(10)		

119

(B) 除 算 問 題

(注意) 円未満4捨5入、構成比率はパーセントの小数第2位未満4捨5入

1	¥ 26,425,390 ÷ 6,047 =
2	¥ 102,299 ÷ 15.699 =
3	¥ 8,949,720 ÷ 3/2 =
4	¥ 429,424,940 ÷ 521,780 =
5	¥ 673,734 ÷ 0.8463 =

答えの小計・合計	合計Cに対する構成比率	
(1)	(1)	(1)~(3)
(2)	(2)	
(3)	(3)	
小計(1)~(3)		
(4)	(4)	(4)~(5)
(5)	(5)	
小計(4)~(5)		
合計C(1)~(5)		

(注意) ペンス未満4捨5入、構成比率はパーセントの小数第2位未満4捨5入

6	£ 742.43 ÷ 2.4271 =
7	£ 6,907,921.92 ÷ 7,506 =
8	£ 3,726.91 ÷ 498.25 =
9	£ 108.19 ÷ 0.0954 =
10	£ 22,475,850.18 ÷ 390,138 =

答えの小計・合計	合計Dに対する構成比率	
(6)	(6)	(6)~(8)
(7)	(7)	
(8)	(8)	
小計(6)~(8)		
(9)	(9)	(9)~(10)
(10)	(10)	
小計(9)~(10)		
合計D(6)~(10)		

(A) 乗算得点	(B) 除算得点

そろばん	電卓

年　　組　　番	
名前	

第 1 級　普通計算部門

（C）見　取　算　問　題

(制限時間　A・B・C合わせて30分)

(注意) 構成比率はパーセントの小数第2位未満4捨5入

No.	1	2	3	4	5
1	396,285	87,169	48,273,591	780,951,326	65,412
2	84,017	52,704	314,650,860	24,467,291	847,387
3	4,157,921	18,953	2,781,247	6,901,623,058	3,702,940
4	902,436	-39,312	85,306,925	142,504,837	-580,156
5	568,764	-25,460	1,195,709	84,389,715	76,913,621
6	1,820,503	64,075	4,237,416	5,360,854,939	27,783
7	73,659	50,238	647,589,632	419,206,107	-851,674,904
8	619,372	76,841	9,428,078	58,175,986	-4,052,391
9	235,148	91,590	3,802,184	9,526,710,872	-196,538
10	94,780	-43,203	96,760,352	309,347,624	61,879
11	3,421,097	-80,629	7,914,563		539,750
12	755,832	-19,457	510,376,179		13,543
13	49,106	56,796	2,043,908		706,378,262
14	6,074,529	34,981			28,420,819
15	138,630	72,174			-9,245,041
16		90,328			-602,695
17		48,836			98,307
18		-10,542			
19		-72,685			
20		67,013			
計					

答えの	小計	小計(1)～(3)		小計(4)～(5)	
	合計	合計E(1)～(5)			
合計Eに 対する 構成比率	(1)	(2)	(3)	(4)	(5)
	(1)～(3)			(4)～(5)	

121

(注意) 構成比率はパーセントの小数第2位未満4捨5入

No.	6	7	8	9	10
1	$ 259,614.70	$ 9,274.63	$ 6,345,821.97	$ 13,754.24	$ 56,290,517.98
2	18,506.83	519.04	72,891,207.60	382,317.08	91,048,936.72
3	6,980,327.94	753,361.58	9,263,816.45	7,890,732.96	35,187,612.50
4	765,845.31	-140.82	350,790.56	28,648.15	67,522,380.64
5	9,160.42	-5,486.97	13,468,253.24	-609,874.31	85,735,946.19
6	36,739.28	21,657.20	6,785,974.09	-45,102.57	27,608,472.81
7	497,251.52	805.93	29,540,662.71	6,532,085.69	42,863,501.27
8	5,004,178.67	-6,943.71	4,839,509.68	57,991.80	14,394,078.75
9	643,083.19	-297,038.48	724,984.13	921,523.42	76,931,624.03
10	1,496.05	4,792.36	8,431,015.30	-2,417,639.71	30,418,035.49
11	82,932.80	520.12	41,605,379.17	-76,256.13	
12	4,357,427.51	8,106.49	5,873,028.62	-3,680,460.34	
13	318.35	318.35		94,014.90	
14	713,982.46	-90,652.87		865,897.05	
15		426.01			
計					

答えの	小計	小計(6)~(8)		小計(9)~(10)	
	合計	合計F(6)~(10)			
		(6)	(7)	(8)	(9) (10)
合計Fに対する 構成比率		(6)~(8)		(9)~(10)	

名前	年	組	番	そろばん	電 卓	(C) 見取算得点	見取算得点	総 得 点

第 1 級　ビジネス計算部門 （制限時間30分）

(注意) Ⅰ. 減価償却費・複利・複利年金の計算については，別紙の数表を用いること。

　　　 Ⅱ. 答えに端数が生じた場合は（　）内の条件によって処理すること。

(1) 毎半年末に¥298,000ずつ7年間支払う年金の終価はいくらか。ただし，年利
率4%，半年1期の複利とする。（円未満4捨5入）

答_____

(2) 額面¥42,830,000の手形を11月2日に割引率年2.48%で割り引くと，割引料
はいくらか。ただし，満期は翌年1月14日とする。（両端入れ，円未満切り捨て）

答_____

(3) 次の株式の指値は，それぞれいくらか。

（銘柄E・Fは円未満切り捨て，Gは¥5未満は切り捨て・¥5以上¥10未満は¥5とする）

銘柄	配 当 金	希望利回り	指 値
E	1株につき年 ¥7.50	1.6%	
F	1株につき年 ¥4.30	3.2%	
G	1株につき年 ¥85.50	2.7%	

(4) 毎年初めに¥163,000ずつ9年間支払う年金の現価はいくらか。ただし，年利
率5%，1年1期の複利とする。（円未満4捨5入）

答_____

(5) 原価¥5,800,000の商品を販売するとき，予定売価から¥616,000値引きして
販売しても，なお，原価の2割8分の利益を得たい。予定売価をいくらにすればよ
いか。

答_____

(6) 元金¥32,860,000を年利率1.56%の単利で貸して，元利合計¥33,458,052
を受け取った。貸付期間は何年何か月間であったか。

答_____

(7) 3年6か月後に支払う負債¥83,240,000を年利率5%，半年1期の複利で割り引
いて，いま支払うとすれば，その金額はいくらか。（¥100未満切り上げ）

答_____

(8) 30ydにつき $2,084.60の商品を60m建にすると，円でいくらになるか。ただ
し，1yd=0.9144m，$1=¥108.70とする。（計算の最終で円未満4捨5入）

答_____

1級問題①

【裏面につづく】

123

(9) 株式を次のとおり売却した。手取金の総額はいくらか。

（それぞれの手数料の円未満切り捨て）

銘柄	約定値段	株　数	手　数　料
H	/株につき¥2,730	1,200株	約定代金の0.7875% ＋ ¥6,300
K	/株につき ¥932	7,000株	約定代金の0.6300% ＋ ¥13,650

答＿＿＿＿＿＿＿＿＿＿

(10) 取得価額¥75,380,000 耐用年数22年の固定資産を定額法で減価償却すれ
ば，第8期首帳簿価額はいくらになるか。ただし，決算は年/回，残存簿価¥1とする。

答＿＿＿＿＿＿＿＿＿＿

(11) ¥1,800,000を年利率5%，半年/期の複利で借り入れた。これを毎半年末に
等額ずつ支払って5年間で完済するとき，毎期の賦金はいくらになるか。
（円未満4捨5入）

答＿＿＿＿＿＿＿＿＿＿

(12) 2.2%利付社債，額面¥6,700,000を7月26日に市場価格¥99.15で買い入れ
ると，支払代金はいくらか。ただし，利払日は4月15日と10月15日である。
（経過日数は片落とし，経過利子の円未満切り捨て）

答＿＿＿＿＿＿＿＿＿＿

(13) ¥35,040,000を単利で3月6日から5月27日まで借り入れ，元利合計
¥35,287,968を支払った。利率は年何パーセントであったか。パーセントの小数
第2位まで求めよ。（片落とし）

答＿＿＿＿＿＿＿＿＿＿

(14) 取得価額¥59,840,000 耐用年数/7年の固定資産を定率法で減価償却すれ
ば，第4期末減価償却累計額はいくらになるか。ただし，決算は年/回，残存簿価
¥1とする。（毎期償却限度額の円未満切り捨て）

答＿＿＿＿＿＿＿＿＿＿

(15) 仲立人が売り主から2.67%，買い主から2.72%の手数料を受け取る約束で商
品の売買の仲介をしたところ，買い主の支払総額が¥96,145,920であった。売り
主の手取金はいくらであったか。

答＿＿＿＿＿＿＿＿＿＿

(16) 11月20日満期，額面¥61,032,580の手形を8月18日に割引率年4.53%で
割り引くと，手取金はいくらか。ただし，手形金額の¥100未満には割引料を計算
しないものとする。（両端入れ，割引料の円未満切り捨て）

答＿＿＿＿＿＿＿＿＿＿

1級問題②

年	組	番	名前

(/7) ある商品に原価の32%の利益をみて予定売価をつけたが，予定売価から
　　¥787,500値引きしたので利益額が原価の2/.5%になった。この商品の原価はい
　　くらであったか。

答＿＿＿＿＿＿＿＿＿＿

(/8) 元金¥86,/90,000を年利率3%，/年/期の複利で/0年2か月間貸し付ける
　　と，期日に受け取る元利合計はいくらになるか。ただし，端数期間は単利法による。
　　（計算の最終で円未満4捨5入）

答＿＿＿＿＿＿＿＿＿＿

(/9) 原価¥2,800,000の商品に原価の40%の利益をみて予定売価をつけ，予定売
　　価から¥308,000値引きして販売した。利益額は原価の何割何分であったか。

答＿＿＿＿＿＿＿＿＿＿

(20) 毎年末に等額ずつ積み立てて，4年後に¥6,400,000を得たい。年利率3.5%，
　　/年/期の複利として，次の積立金表を作成せよ。
　　（積立金および毎期積立金利息の円未満4捨5入，過不足は最終期末の利息で調整）

積 立 金 表

期数	積 立 金	積立金利息	積立金増加高	積立金合計高
/				
2				
3				
4				
計				＿＿＿

年 組 番
名前

正答数	得 点
（×5）	

1級問題③

公益財団法人 全国商業高等学校協会主催
文 部 科 学 省 後 援

第146回 ビジネス計算実務検定試験

第 1 級 普 通 計 算 部 門 (制限時間A・B・C合わせて30分)

(A) 乗 算 問 題

(注意) 円未満4捨5入、構成比率はパーセントの小数第2位未満4捨5入

		答えの小計・合計	合計Aに対する構成比率
(1)	¥ 9,428 × 81,652 =		(1)
(2)	¥ 6,051 × 921,230 =	小計(1)~(3)	(2)
(3)	¥ 38,506 × 0.005746 =		(3)
(4)	¥ 24,432 × 3,960.3 =	小計(4)~(5)	(4)
(5)	¥ 1,986,107 × 4,097 =		(5)
		合計A(1)~(5)	(1)~(3)
			(4)~(5)

(注意) セント未満4捨5入、構成比率はパーセントの小数第2位未満4捨5入

		答えの小計・合計	合計Bに対する構成比率
(6)	€ 763.79 × 6,471 =		(6)
(7)	€ 526.93 × 20.1589 =	小計(6)~(8)	(7)
(8)	€ 80.25 × 73,345.68 =		(8)
(9)	€ 4,178.70 × 0.9084 =	小計(9)~(10)	(9)
(10)	€ 359.14 × 18,275 =		(10)
		合計B(6)~(10)	(6)~(8)
			(9)~(10)

127

（B）除算問題

（注意）円未満4捨5入、構成比率はパーセントの小数第2位未満4捨5入

(1)	¥ 40,905,648 ÷ 756 =
(2)	¥ 8,349,672 ÷ 1,979.8 =
(3)	¥ 55,053,878 ÷ 6,347 =
(4)	¥ 98,7227 ÷ 0.4802 =
(5)	¥ 205,120,089 ÷ 527,301 =

答えの小計・合計	合計Cに対する構成比率	
小計(1)~(3)	(1)~(3)	(1)
		(2)
		(3)
小計(4)~(5)	(4)~(5)	(4)
		(5)
合計C(1)~(5)		

（注意）セント未満4捨5入、構成比率はパーセントの小数第2位未満4捨5入

(6)	$ 37,784,427.45 ÷ 40,315 =
(7)	$ 1,680.25 ÷ 268.84 =
(8)	$ 537.91 ÷ 36.1043 =
(9)	$ 630.58 ÷ 0.0829 =
(10)	$ 7,789,214.40 ÷ 9,570 =

答えの小計・合計	合計Dに対する構成比率	
小計(6)~(8)	(6)~(8)	(6)
		(7)
		(8)
小計(9)~(10)	(9)~(10)	(9)
		(10)
合計D(6)~(10)		

試験場校名		（A）乗算得点	（B）除算得点
受験番号			

そろばん	
電卓	

128

第 1 級　普通計算部門　（制限時間 A・B・C 合わせて30分）

（C）見 取 算 問 題

(注意)　構成比率はパーセントの小数第 2 位未満 4 捨 5 入

No.	(1)	(2)	(3)	(4)	(5)
1	812,698,615	20,587	6,130,067,492	198,570	39,249
2	37,017,251	43,403	27,912,351	5,036,493	268,378
3	9,950,734	69,174	-15,371,078	469,729	7,357,410
4	60,435,823	18,641	748,589,680	31,282,637	920,876,501
5	405,278,361	80,726	5,690,162,703	2,540,958	-603,196
6	573,169,428	34,967	9,473,298,314	713,842	-4,412,758
7	26,584,792	51,245	-352,034,156	905,173	13,984,682
8	8,302,904	76,092	-81,657,849	624,367	530,915
9	754,621,089	14,879	64,325,926	10,478,021	-98,714,069
10	940,743,170	32,158	4,809,450,287	8,206,814	-21,834
11	1,856,063	25,310		561,295	386,071
12		63,894		4,179,608	5,150,420
13		11,759		23,053,946	-106,793,547
14		73,065		897,785	-45,623
15		26,489		345,216	72,895
16		85,908			829,704
17		70,231			65,362
18		39,576			
19		47,082			
20		92,360			
計					

| 答えの | 小計 | 小計(1)~(3) | | | 小計(4)~(5) | |
| | 合計 | 合計 E(1)~(5) | | | | |

	(1)	(2)	(3)	(4)	(5)
合計 E に対する構成比率	(1)~(3)			(4)~(5)	

129

(注意) 構成比率はパーセントの小数第2位未満4捨5入

No.	(6) £	(7) £	(8) £	(9) £	(10) £
1	706,429.46	5,324.51	65,074.93	413,912.58	92,705,306.84
2	28,513.39	10,278.63	7,315.47	806,084.32	50,913,672.17
3	83,175,261.50	605.72	18,802,590.36	357,630.19	14,589,023.81
4	40,654.81	382,937.47	428,769.52	6,170,498.64	28,037,195.54
5	1,963,785.34	−9,180.16	3,054,926.70	−945,271.03	43,160,487.46
6	602,491.62	−409.25	71,632.86	209,347.61	86,251,849.50
7	97,081,046.59	8,563.90	193,841.09	792,185.97	37,396,520.76
8	38,920.18	7,351.64	21,346,758.12	1,083,506.28	71,478,932.63
9	519,149.07	−204,794.08	9,296.03	−5,438,723.70	25,640,291.05
10	64,578.23	−142.19	80,437.50	−2,815,964.83	19,826,975.38
11	74,352,832.75	−96,671.87	5,231,908.25	−9,560,132.26	
12	8,097,307.24	586.92	40,127,689.78	694,857.42	
13		3,045.36	86,570.94	7,541,679.05	
14		817.84	5,143.61		
15		250.39			
計					

答えの	小計	小計(6)～(8)		小計(9)～(10)	
	合計	合計F(6)～(10)			

合計Fに	(6)	(7)	(8)	(9)	(10)
対する 構成比率	(6)～(8)			(9)～(10)	

試験場校名		そろばん	電 卓	(C) 見取算得点	総 得 点
受験番号					

【第146回】

130

第1級　ビジネス計算部門 （制限時間30分）

（注意）Ⅰ．複利・複利年金・減価償却費の計算については，別紙の数表を用いること。

Ⅱ．答えに端数が生じた場合は（　）内の条件によって処理すること。

(1) 額面￥11,320,000の手形を割引率年2.83％で5月8日に割り引くと，割引料は
いくらか。ただし，満期は7月12日とする。（両端入れ，円未満切り捨て）

答　_____

(2) ￥52,350,000を年利率4.5％，1年1期の複利で10年間借り入れると，複利終価は
いくらか。（円未満4捨5入）

答　_____

(3) 年利率0.225％の単利で11月7日から翌年1月19日まで借り入れたところ，期日に
元利合計￥40,498,216を支払った。元金はいくらか。（片落とし）

答　_____

(4) 10米ガロンにつき$354.70の商品を20L建にすると円でいくらか。ただし，
1米ガロン＝3.785L，$1=￥134.15とする。（計算の最終で円未満4捨5入）

答　_____

(5) 取得価額￥68,230,000 耐用年数39年の固定資産を定額法で減価償却すれば，
第21期末減価償却累計額はいくらか。ただし，決算は年1回，残存簿価￥1とする。

答　_____

(6) 毎年末に￥763,000ずつ12年間支払う負債を，いま一時に支払えば，その金額はいくらか。
ただし，年利率6.5％，1年1期の複利とする。（円未満4捨5入）

答　_____

(7) 次の株式の利回りは，それぞれ何パーセントか。（パーセントの小数第1位未満4捨5入）

銘柄	配　当　金	時　価	利　回　り
A	1株につき年　￥2.40	￥175	
B	1株につき年　￥6.70	￥234	
C	1株につき年　￥51.00	￥6,120	

【裏面につづく】

(8) ある商品を予定売価(定価)の15%引きで販売したところ，原価の19%の利益となった。
   値引額が¥8,652,000だとすれば，原価はいくらか。

答 _____

(9) 取得価額¥42,810,000 耐用年数14年の固定資産を定率法で減価償却すれば，
   第4期首帳簿価額はいくらか。ただし，決算は年1回，残存簿価¥1とする。
   (毎期償却限度額の円未満切り捨て)

答 _____

(10) 次の3口の貸付金の利息を積数法によって計算すると，利息合計はいくらか。ただし，
   いずれも期日は11月15日，利率は年1.29%とする。(片落とし，円未満切り捨て)

貸付金額	貸付日
¥18,970,000	7月30日
¥56,030,000	8月26日
¥74,360,000	10月4日

答 _____

(11) 原価¥3,100,000の商品に3割8分の利益を見込んで予定売価(定価)をつけ，
   予定売価(定価)から¥1,925,100値引きして販売した。損失額は原価の何割何分何厘か。

答 _____

(12) 3月28日満期，額面¥95,435,790の手形を2月3日に割引率年4.18%で割り引くと，
   手取金はいくらか。ただし，手形金額の¥100未満には割引料を計算しないものとする。
   (平年，両端入れ，割引料の円未満切り捨て)

答 _____

(13) 仲立人がある商品の売買を仲介したところ，買い主の支払総額が売買価額の1.48%の
   手数料を含めて¥70,021,200であった。売り主の支払った手数料が¥1,062,600であれば，
   売り主の支払った手数料は売買価額の何パーセントか。パーセントの小数第2位まで求めよ。

答 _____

(14) ¥8,700,000を年利率6%，半年1期の複利で借り入れた。これを毎半年末に等額
   ずつ支払って7年間で完済するとき，毎期の賦金はいくらか。(円未満4捨5入)

答 _____

(15) 株式を次のとおり売却した。手取金の総額はいくらか。(それぞれの手数料の円未満切り捨て)

銘柄	約定値段	株数	手数料
D	1株につき ¥583	8,000株	約定代金の0.8470% + ¥4,378
E	1株につき ¥7,306	2,000株	約定代金の0.5720% + ¥24,728

答 _____

【第146回】1級問題②

(16) 8年9か月後に支払う負債￥60,750,000を年利率7%，半年1期の複利で割り引いて，
いま支払うとすればその金額はいくらか。ただし，端数期間は真割引による。
(計算の最終で￥100未満切り上げ)

答 _____

(17) 2.1%利付社債，額面￥9,300,000を10月13日に市場価格￥96.55で買い入れると，
支払代金はいくらか。ただし，利払日は6月25日と12月25日である。
(経過日数は片落とし，経過利子の円未満切り捨て)

答 _____

(18) 毎半年初めに￥345,000ずつ9年6か月間支払う年金の終価はいくらか。ただし，
年利率4%，半年1期の複利とする。(円未満4捨5入)

答 _____

(19) 1本につき￥6,900の商品を60ダース仕入れ，仕入諸掛￥204,000を支払った。
この商品に諸掛込原価の4割1分の利益を見込んで予定売価(定価)をつけたが，全体の$\frac{2}{3}$は
予定売価(定価)の8掛半で販売し，残り全部は予定売価(定価)の7掛で販売した。利益の総額
はいくらか。

答 _____

(20) 毎年末に等額ずつ積み立てて，4年後に￥2,600,000を得たい。年利率5.5%，1年1期の
複利として，次の積立金表を作成せよ。(積立金および毎期積立金利息の円未満4捨5入，
過不足は最終期末の利息で調整)

積　立　金　表

期数	積　立　金	積　立　金　利　息	積　立　金　増　加　高	積　立　金　合　計　高
1				
2				
3				
4				
計				

試験場校名	
受験番号	

正答数	得　点
(× 5)	

公益財団法人 全国商業高等学校協会主催
文 部 科 学 省 後 援
第147回 ビジネス計算実務検定試験

第 1 級 普通計算部門 (制限時間A・B・C合わせて30分)

(A) 乗算問題

(注意) 円未満4捨5入、構成比率はパーセントの小数第2位未満4捨5入

(1)	¥ 79,587 × 6,916 =
(2)	¥ 4,350 × 83,921 =
(3)	¥ 13,801 × 578.27 =
(4)	¥ 932,265 × 0.001049 =
(5)	¥ 6,124 × 2,303,174 =

	答えの小計・合計	合計Aに対する構成比率	
(1)		(1)	(1)~(3)
(2)	小計(1)~(3)	(2)	
(3)		(3)	
(4)	小計(4)~(5)	(4)	(4)~(5)
(5)		(5)	
	合計A(1)~(5)		

(注意) ペンス未満4捨5入、構成比率はパーセントの小数第2位未満4捨5入

(6)	£ 890.63 × 7,180 =
(7)	£ 20.76 × 46,605.3 =
(8)	£ 519.68 × 94.875 =
(9)	£ 34,741.59 × 0.5298 =
(10)	£ 708.42 × 356,402 =

	答えの小計・合計	合計Bに対する構成比率	
(6)		(6)	(6)~(8)
(7)	小計(6)~(8)	(7)	
(8)		(8)	
(9)	小計(9)~(10)	(9)	(9)~(10)
(10)		(10)	
	合計B(6)~(10)		

135

（B）除算問題

(注意) 円未満 4 捨 5 入、構成比率はパーセントの小数第 2 位未満 4 捨 5 入

(1)	¥	77,875,050 ÷ 9,526 =
(2)	¥	469 ÷ 0.28361 =
(3)	¥	255,037,496 ÷ 340,504 =
(4)	¥	65,074,701 ÷ 687 =
(5)	¥	3,466,564 ÷ 10.32 =

(注意) セント未満 4 捨 5 入、構成比率はパーセントの小数第 2 位未満 4 捨 5 入

(6)	€	668,547.88 ÷ 80,938 =
(7)	€	864,901.39 ÷ 4,184.3 =
(8)	€	404,948.50 ÷ 762.5 =
(9)	€	278.35 ÷ 0.0569 =
(10)	€	10,131,695.90 ÷ 157,790 =

答えの小計・合計		合計Cに対する構成比率	
小計(1)～(3)	(1)	(1)～(3)	
	(2)		
	(3)		
小計(4)～(5)	(4)	(4)～(5)	
	(5)		
合計C(1)～(5)			

答えの小計・合計		合計Dに対する構成比率	
小計(6)～(8)	(6)	(6)～(8)	
	(7)		
	(8)		
小計(9)～(10)	(9)	(9)～(10)	
	(10)		
合計D(6)～(10)			

試験場校名	
受験番号	

そろばん	
電卓	

(A) 乗算得点	(B) 除算得点

第 1 級　普通計算部門　(制限時間 A・B・C 合わせて30分)

(C) 見取算問題

(注意) 構成比率はパーセントの小数第2位未満4捨5入

No.	(1)	(2)	(3)	(4)	(5)
1	954,058	4,189,321	74,919,613	509,459,706	29,879
2	730,921	912,797	1,806,204	9,837,822,490	601,451
3	361,285	75,842	648,293,719	215,307,627	83,965
4	698,170	16,039	2,590,785,021	−52,084,314	946,237
5	849,667	2,483,254	5,341,798	−768,193,895	471,082
6	107,340	−51,972	861,568,942	390,675,463	64,301
7	278,635	−807,140	437,692,588	624,741,032	38,548
8	416,859	64,586	9,135,427	−4,812,365,149	740,726
9	131,743	9,630,493	16,470,875	86,918,571	52,190
10	472,507	271,268	3,209,824,036	173,560,280	497,813
11	826,419	−367,901	723,510,650		80,295
12	504,796	−40,610	6,057,384		13,436
13	395,814	−1,592,435			531,672
14	283,023	56,387			75,914
15	529,162	728,659			256,703
16		−6,003,578			104,120
17		34,805			92,846
18					327,368
19					69,059
20					815,587
計					

答えの小計・合計

小計(1)〜(3)	小計(4)〜(5)
合計 E(1)〜(5)	

(1)	(2)	(3)	(4)	(5)

合計Eに対する構成比率

(1)〜(3)	(4)〜(5)

(注意) 構成比率はパーセントの小数第 2 位未満 4 捨 5 入

No.	(6)	(7)	(8)	(9)	(10)
1	$ 10,463.27	$ 811,697.84	$ 2,640,935.80	$ 36,154,720.62	$ 6,017.65
2	9,701.48	2,354,082.75	68,917,419.65	92,876,037.85	795.09
3	306,813.84	7,480,914.50	−469,543.79	57,341,265.97	18,539.24
4	8,749,585.01	64,759.31	832,608.92	14,239,402.19	43,699,128.67
5	67,396.19	4,925,360.27	179,187.06	80,507,513.28	−7,263,083.71
6	74,257.23	5,043,205.68	34,581,024.77	46,719,309.53	−80,654.16
7	4,592,170.96	1,579,471.30	254,651.20	68,290,864.41	−352,489.38
8	33,562.50	698,028.52	−76,493,296.04	21,638,178.30	5,861.43
9	2,948.72	16,839.01	−5,305,712.38	35,962,451.84	821,346.07
10	653,824.15	3,129,746.26	−90,728,340.13	70,485,692.79	202.51
11	5,847,690.61	738,963.49	52,186,875.31		94,570.32
12	21,039.86	8,201,587.92			5,231,904.29
13		9,376,106.43			−627.80
14					−10,549,736.74
15					407,815.98
計					

答えの 小計・合計	小計(6)〜(8)			小計(9)〜(10)	
	合計 F (6)〜(10)				

合計 F に対する 構成比率	(6)	(7)	(8)	(9)	(10)
	(6)〜(8)			(9)〜(10)	

試験場校名		そろばん		(C) 見取算得点		総 得 点	
受験番号		電卓					

【第147回】

138

第1級　ビジネス計算部門 (制限時間30分)

(注意) I. 複利・複利年金・減価償却費の計算については，別紙の数表を用いること。
　　　　II. 答えに端数が生じた場合は（　）内の条件によって処理すること。

(1) 11月27日満期，額面¥36,090,000の約束手形を9月10日に割引率年4.12%で
　　割り引くと，割引料はいくらか。(両端入れ，円未満切り捨て)

答 _____

(2) 元金¥18,980,000を単利で12月14日から翌年3月9日まで貸し付け，期日に元利合計
　　¥18,987,735を受け取った。利率は年何パーセントか。パーセントの小数第3位まで
　　求めよ。(平年，片落とし)

答 _____

(3) 取得価額¥53,410,000 耐用年数47年の固定資産を定額法で減価償却すれば，
　　第28期首帳簿価額はいくらか。ただし，決算は年1回，残存簿価¥1とする。

答 _____

(4) 30米トンにつき$4,832.70の商品を60kg建にすると円でいくらか。ただし，
　　1米トン=907.2kg，$1=¥138.80とする。(計算の最終で円未満4捨5入)

答 _____

(5) 株式を次のとおり買い入れた。支払総額はいくらか。(それぞれの手数料の円未満切り捨て)

銘柄	約 定 値 段	株 数	手 数 料
D	1株につき　　¥637	9,000株	約定代金の0.21450% +　¥4,686
E	1株につき　¥8,024	5,000株	約定代金の0.09900% +　¥30,976

答 _____

(6) 毎年末に¥728,000ずつ10年間支払う年金の終価はいくらか。ただし，年利率5.5%，
　　1年1期の複利とする。(円未満4捨5入)

答 _____

(7) ある商品に原価の31%の利益をみて予定売価(定価)をつけたが，予定売価(定価)から
　　¥1,198,400値引きして販売したので，原価の9.6%の利益となった。実売価はいくらか。

答 _____

(8) 1.9%利付社債，額面¥5,600,000を10月20日に市場価格¥99.05で買い入れると，
支払代金はいくらか。ただし，利払日は1月15日と7月15日である。
（経過日数は片落とし，経過利子の円未満切り捨て）

答 _____

(9) 毎半年初めに¥259,000ずつ6年6か月間支払う負債を，いま一時に支払えば，
その金額はいくらか。ただし，年利率5%，半年1期の複利とする。（円未満4捨5入）

答 _____

(10) 仲立人が売り主から3.52%，買い主から3.48%の手数料を受け取る約束で商品の売買を
仲介したところ，買い主の支払総額が¥74,505,600となった。売り主の手取金はいくらか。

答 _____

(11) 額面¥92,068,690の手形を割引率年3.91%で3月21日に割り引くと，手取金は
いくらか。ただし，満期は5月19日とし，手形金額の¥100未満には割引料を計算しないも
のとする。（両端入れ，割引料の円未満切り捨て）

答 _____

(12) 毎半年末に等額ずつ積み立てて，7年6か月後に¥8,400,000を得たい。年利率4%，
半年1期の複利とすれば，毎期の積立金はいくらか。（円未満4捨5入）

答 _____

(13) 8年後に償還される2.6%利付社債の買入価格が¥97.65のとき，単利最終利回りは
何パーセントか。（パーセントの小数第3位未満切り捨て）

答 _____

(14) 原価¥1,300,000の商品を予定売価（定価）から¥157,300値引きして販売した
ところ，原価の2割5分4厘の利益を得た。値引額は予定売価（定価）の何分何厘か。

答 _____

(15) 次の株式の指値はそれぞれいくらか。
（銘柄A・Bは円未満切り捨て，Cは¥5未満は切り捨て・¥5以上¥10未満は¥5とする）

銘柄	配 当 金	希望利回り	指 値
A	1株につき年　¥3.90	0.7%	
B	1株につき年　¥6.40	1.5%	
C	1株につき年　¥71.00	2.2%	

【第147回】1級問題②

(16) ¥40,820,000を年利率6%，半年1期の複利で9年3か月間貸し付けると，期日に
受け取る元利合計はいくらか。ただし，端数期間は単利法による。
(計算の最終で円未満4捨5入)

答 _____

(17) 次の3口の借入金の利息を積数法によって計算すると，元利合計はいくらか。ただし，
いずれも期日は7月24日，利率は年2.07%とする。(片落とし，円未満切り捨て)

借入金額	借入日
¥30,950,000	4月 2日
¥62,470,000	5月30日
¥87,310,000	6月13日

答 _____

(18) 12年後に支払う負債¥75,160,000を年利率6.5%，1年1期の複利で割り引いて，
いま支払うとすればその金額はいくらか。(¥100未満切り上げ)

答 _____

(19) 1箱につき¥2,640の商品を700箱仕入れ，仕入諸掛を支払った。この商品に諸掛込原価の
40%の利益を見込んで予定売価 (定価) をつけたが，全体の半分は予定売価(定価)の10%引き
で販売し，残り全部は予定売価(定価)の18%引きで販売した。実売価の総額が¥2,313,486
であるとき，仕入諸掛はいくらか。

答 _____

(20) 取得価額¥61,290,000 耐用年数15年の固定資産を定率法で減価償却するとき，
次の減価償却計算表の第4期末まで記入せよ。ただし，決算は年1回，残存簿価¥1とする。
(毎期償却限度額の円未満切り捨て)

減 価 償 却 計 算 表

期数	期 首 帳 簿 価 額	償 却 限 度 額	減価償却累計額
1			
2			
3			
4			

試験場校名	
受 験 番 号	

正答数	得　点
	(× 5)

〈参考〉電卓の使い方

電卓には，さまざまな種類がある。本書で扱ったC型（下図左）と，もう一つの代表的な電卓であるS型（下図右）とを対比する形で説明する。

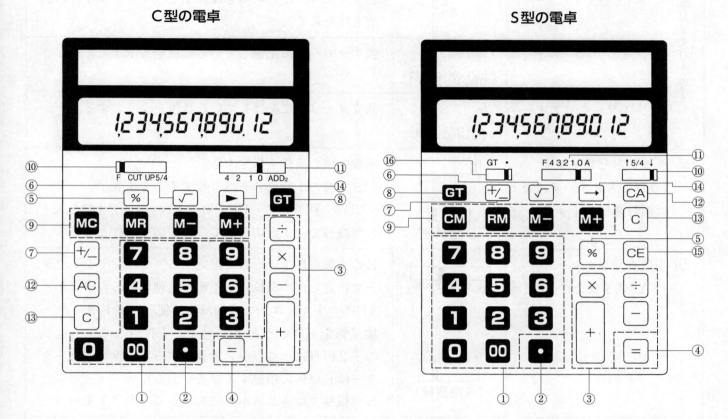

名　称	キ　ー	機　能
① 数字キー	1 ～ 9 0 ～ 00	1 ～ 9 は/から9までの数を入力する。 0は0を入力し，00は0を2つ入力する。
② 小数点キー	$\cdot$	小数点を入力する。
③ 計算命令キー （四則演算キー）	$+$ $-$ $\times$ $\div$	$+$で加算，$-$で減算，$\times$で乗算，$\div$で除算をおこなう。
④ イコールキー	$=$	四則計算の答を表示する（計算結果はGTメモリーに記憶される）。
⑤ パーセントキー	$\%$	百分率を求める。
⑥ ルートキー	$\sqrt{}$	開平をおこなう（平方根をひらく）。
⑦ サインチェンジキー	$+\!\!/\!\!-$	正の数を負の数に，負の数を正の数に切り換える。
⑧ GTメモリーキー	GT	グランドトータルメモリー（GTメモリー）に記憶している数値の合計を表示する。 S型機種では GT を2回つづけて押すとGTメモリーはクリアされる。

名　称		キ　ー	機　能
⑨ 独立メモリーキー	メモリープラスキー	M+	独立メモリーに数値を加算する（イコールキーの機能もはたらく）。
	メモリーマイナスキー	M−	独立メモリーから数値を減算する（イコールキーの機能もはたらく）。
	メモリーリコールキー	MR RM（S型機種）	独立メモリーに記憶している数値を表示する。
	メモリークリアキー	MC CM（S型機種）	独立メモリーに記憶している数値をクリアする。
⑩ ラウンドセレクター （ラウンドスイッチまたは端数処理スイッチ）		F CUT UP5/4 ↑5/4↓ （S型機種）	端数処理の条件を指定する。 　F：答の小数部分を処理せずそのまま表示 　CUT：切り捨て　UP：切り上げ　5/4：4捨5入 S型機種では↓が切り捨て，↑が切り上げとなる。
⑪ 小数点セレクター （TABスイッチ）		4 2 1 0 ADD₂ F43210A （S型機種）	答の小数点以下の桁数を指定する（ラウンドセレクターで指定した小数位の下1桁が処理される）。 ADD₂：ドル・ユーロの加減算に便利なアドモード。 加減算をおこなうとき，・キーを押さなくても置数の下2桁目に小数点を自動表示する（ラウンドセレクターはF以外に指定する必要がある）。 S型機種ではAと表示してあるところがアドモード。
⑫ オールクリアキー		AC CA（S型機種）	独立メモリーに記憶している数値を除き，すべてをクリアする。 S型機種では独立メモリーもすべてクリアする。 C型機種では電源オン機能をもつ。
⑬ クリアキー		C	表示している数値および答をクリアする（ただし，GTメモリーと独立メモリーはそのまま）。 C型機種では置数の訂正に使用するが，S型機種での訂正はCEキーを使用する。 S型機種では電源オン機能をもつ。
⑭ 桁下げキー		▶ →（S型機種）	表示されている数値の最小桁の数字を1つ消す。
⑮ 置数訂正キー		CE （S型機種のみ）	表示している数値のみクリアする。
⑯ GTスイッチ		（S型機種のみ）	GTメモリーを使うときに指定する。

令和6年度版

全国商業高等学校協会主催

ビジネス計算実務検定模擬試験問題集

1級　解答編

○配点は以下のとおりです。各ページにも配点を示しました。

受験種別 / 受験問題		珠算 (/)〜(/0)	電卓 (/)〜(/0)	電卓 小計・合計	電卓 構成比率	合格点
普通計算部門 (300点満点)	(A) 乗算問題	10点×10 / 100点	5点×10	5点×4 / 100点	5点×6	(A)〜(C) 計210点
	(B) 除算問題	10点×10 / 100点	5点×10	5点×4 / 100点	5点×6	
	(C) 見取算問題	10点×10 / 100点	5点×10	5点×4 / 100点	5点×6	
ビジネス計算部門 (100点満点)		(/)〜(20)	5点×20＝100点			70点

実教出版

1．2級に準ずる計算

1．単利の計算（p.4～8）

(1) 6/15～9/11…88日（片落とし）

$¥49,520,000 \times 0.0347 \times \dfrac{88}{365} = ¥414,285$

〈キー操作〉ラウンドセレクターをCUT，小数点セレクターを0にセット
49,520,000 ✕ ・ 0347 ✕ 88 ÷ 365 =

(2) 2/18～5/24…96日（うるう年，片落とし）

$¥18,630,000 \times 0.0276 \times \dfrac{96}{365} = ¥135,238$

〈キー操作〉ラウンドセレクターをCUT，小数点セレクターを0にセット
18,630,000 ✕ ・ 0276 ✕ 96 ÷ 365 =

(3) 11/21～2/8…79日（片落とし）

$¥78,410,000 \times 0.0043 \times \dfrac{79}{365} = ¥72,975$

$¥78,410,000 + ¥72,975 = ¥78,482,975$

〈キー操作〉ラウンドセレクターをCUT，小数点セレクターを0にセット
78,410,000 M+ ✕ ・ 0043 ✕ 79 ÷ 365 M+ MR
または，・ 0043 ✕ 79 ÷ 365 ＋ 1 ✕ 78,410,000 =

(4) $¥29,560,000 \times 0.0317 \times \dfrac{16}{12} = ¥1,249,402$

$¥29,560,000 + ¥1,249,402 = ¥30,809,402$

〈キー操作〉ラウンドセレクターをCUT，小数点セレクターを0にセット
29,560,000 M+ ✕ ・ 0317 ✕ 16 ÷ 12 M+ MR
または，・ 0317 ✕ 16 ÷ 12 ＋ 1 ✕ 29,560,000 =

(5) $¥70,266,728 \div \left(1 + 0.0495 \times \dfrac{219}{365}\right) = ¥68,240,000$

〈キー操作〉・ 0495 ✕ 219 ÷ 365 ＋ 1 M+ 70,266,728
÷ MR =

(6) $¥59,955,540 \div \left(1 + 0.0362 \times \dfrac{15}{12}\right) = ¥57,360,000$

〈キー操作〉・ 0362 ✕ 15 ÷ 12 ＋ 1 M+ 59,955,540 ÷ MR =

(7) $¥82,618,200 \div \left(1 + 0.0614 \times \dfrac{292}{365}\right) = ¥78,750,000$

〈キー操作〉・ 0614 ✕ 292 ÷ 365 ＋ 1 M+ 82,618,200
÷ MR =

(8) $¥39,264,601 \div \left(1 + 0.00186 \times \dfrac{73}{365}\right) = ¥39,250,000$

〈キー操作〉・ 00186 ✕ 73 ÷ 365 ＋ 1 M+ 39,264,601
÷ MR =

(9) $¥46,018,854 \div \left(1 + 0.0249 \times \dfrac{7}{12}\right) = ¥45,360,000$

〈キー操作〉・ 0249 ✕ 7 ÷ 12 ＋ 1 M+ 46,018,854 ÷ MR =

(10) $¥86,784,607 - ¥82,740,000 = ¥4,044,607$（利息）

$¥4,044,607 \div \left(¥82,740,000 \times \dfrac{14}{12}\right) = 0.0419$　4.19%

〈キー操作〉82,740,000 ✕ 14 ÷ 12 M+ 86,784,607 －
82,740,000 ÷ MR %

(11) 10/13～12/25…73日（片落とし）

$¥46,627,917 - ¥46,290,000 = ¥337,917$（利息）

$¥337,917 \div \left(¥46,290,000 \times \dfrac{73}{365}\right) = 0.0365$　3.65%

〈キー操作〉46,290,000 ✕ 73 ÷ 365 M+ 46,627,917 －
46,290,000 ÷ MR %

(12) $¥29,922,473 - ¥29,830,000 = ¥92,473$（利息）

$¥92,473 \div \left(¥29,830,000 \times \dfrac{15}{12}\right) = 0.00248$　0.248%

〈キー操作〉29,830,000 ✕ 15 ÷ 12 M+ 29,922,473 －
29,830,000 ÷ MR %

(13) $¥76,622,364 - ¥73,860,000 = ¥2,762,364$（利息）

$¥2,762,364 \div \left(¥73,860,000 \times 0.0264 \times \dfrac{1}{12}\right) = 17$

1年5か月（間）

〈キー操作〉73,860,000 ✕ ・ 0264 ÷ 12 M+ 76,622,364 －
73,860,000 ÷ MR =

(14) $¥84,047,083 - ¥83,950,000 = ¥97,083$（利息）

$¥97,083 \div \left(¥83,950,000 \times 0.00603 \times \dfrac{1}{365}\right) = 70$日（間）

〈キー操作〉83,950,000 ✕ ・ 00603 ÷ 365 M+ 84,047,083 －
83,950,000 ÷ MR =

(15) $¥22,089,277 - ¥21,630,000 = ¥459,277$（利息）

$¥459,277 \div \left(¥21,630,000 \times 0.0182 \times \dfrac{1}{12}\right) = 14$

1年2か月（間）

〈キー操作〉21,630,000 ✕ ・ 0182 ÷ 12 M+ 22,089,277 －
21,630,000 ÷ MR =

(16) 1/23～4/25（平年，片落とし）…92日
2/18～4/25（平年，片落とし）…66日
3/ 6～4/25（片落とし）…50日

$¥43,620,000 \times 92 = ¥\ 4,013,040,000$
$¥52,710,000 \times 66 = ¥\ 3,478,860,000$
$¥68,490,000 \times 50 = ¥\ 3,424,500,000$
$¥10,916,400,000$（積数合計）

$¥10,916,400,000 \times 0.0286 \div 365 = ¥855,367$

〈キー操作〉ラウンドセレクターをCUT，小数点セレクターを0にセット
43,620,000 ✕ 92 ＝ 52,710,000 ✕ 66 ＝ 68,490,000 ✕
50 ＝ GT ✕ ・ 0286 ÷ 365 ＝

(17) 8/27～12/3（片落とし）…98日
9/15～12/3（片落とし）…79日
10/ 2～12/3（片落とし）…62日

$¥39,850,000 \times 98 = ¥3,905,300,000$
$¥12,340,000 \times 79 = ¥\ \ \ 974,860,000$
$¥24,670,000 \times 62 = ¥1,529,540,000$
$¥6,409,700,000$（積数合計）

$¥6,409,700,000 \times 0.0038 \div 365 = ¥66,731$

〈キー操作〉ラウンドセレクターをCUT，小数点セレクターを0にセット
39,850,000 ✕ 98 ＝ 12,340,000 ✕ 79 ＝ 24,670,000 ✕
62 ＝ GT ✕ ・ 0038 ÷ 365 ＝

(18) 2/15～5/13（平年，片落とし）…87日
3/23～5/13（片落とし）…51日
4/ 5～5/13（片落とし）…38日

$¥34,650,000 \times 87 = ¥3,014,550,000$
$¥18,520,000 \times 51 = ¥\ \ \ 944,520,000$
$¥49,710,000 \times 38 = ¥1,888,980,000$
$¥5,848,050,000$（積数合計）

$¥5,848,050,000 \times 0.0079 \div 365 = ¥126,574$

$¥34,650,000 + ¥18,520,000 + ¥49,710,000 + ¥126,574$
$= ¥103,006,574$

〈キー操作〉ラウンドセレクターをCUT，小数点セレクターを0にセット
34,650,000 M+ ✕ 87 ＝ 18,520,000 M+ ✕ 51 ＝ 49,710,000
M+ ✕ 38 ＝ GT ✕ ・ 0079 ÷ 365 M+ MR

(19) 4/21～7/29（片落とし）…99日
5/15～7/29（片落とし）…75日
6/ 6～7/29（片落とし）…53日

$¥58,670,000 \times 99 = ¥5,808,330,000$
$¥12,350,000 \times 75 = ¥\ \ \ 926,250,000$
$¥49,810,000 \times 53 = ¥2,639,930,000$
$¥9,374,510,000$（積数合計）

¥93,745,510,000×0.0364÷365＝¥934,882
¥58,670,000+¥12,350,000+¥49,810,000+¥934,882
＝¥121,764,882

〈キー操作〉ラウンドセレクターをCUT，小数点セレクターを0にセット
58,670,000 [M+] [×] 99 [=] 12,350,000 [M+] [×] 75 [=] 49,810,000
[M+] [×] 53 [=] [GT] [×] [・] 0364 [÷] 365 [M+] [MR]

2．手形割引の計算（p.9〜11）

(1) 8/6〜10/18…74日（両端入れ）

$$¥97,740,000×0.0576×\frac{74}{365}=¥1,141,388$$

〈キー操作〉ラウンドセレクターをCUT，小数点セレクターを0にセット
97,740,000 [×] [・] 0576 [×] 74 [÷] 365 [=]

(2) 4/28〜6/13…47日（両端入れ）

$$¥18,640,000×0.0384×\frac{47}{365}=¥92,168$$

〈キー操作〉ラウンドセレクターをCUT，小数点セレクターを0にセット
18,640,000 [×] [・] 0384 [×] 47 [÷] 365 [=]

(3) 5/19〜7/25…68日（両端入れ）

$$¥56,630,000×0.0627×\frac{68}{365}=¥661,500$$

¥56,630,000−¥661,500＝¥55,968,500

〈キー操作〉ラウンドセレクターをCUT，小数点セレクターを0にセット
56,630,000 [M+] [×] [・] 0627 [×] 68 [÷] 365 [M-] [MR]

(4) 3/3〜5/30…89日（両端入れ）

$$¥27,840,000×0.0308×\frac{89}{365}=¥209,082$$

¥27,840,000−¥209,082＝¥27,630,918

〈キー操作〉ラウンドセレクターをCUT，小数点セレクターを0にセット
27,840,000 [M+] [×] [・] 0308 [×] 89 [÷] 365 [M-] [MR]

(5) 3/21〜5/31…72日（両端入れ）

$$¥7,803,100×0.0594×\frac{72}{365}=¥91,430$$

〈キー操作〉ラウンドセレクターをCUT，小数点セレクターを0にセット
7,803,100 [×] [・] 0594 [×] 72 [÷] 365 [=]

(6) 3/16〜6/14…91日（両端入れ）

$$¥1,297,680×0.0327×\frac{91}{365}=¥10,578$$

¥1,297,680−¥10,578＝¥1,287,102

〈キー操作〉ラウンドセレクターをCUT，小数点セレクターを0にセット
1,297,680 [M+] [▶] [▶] [00] [×] [・] 0327 [×] 91 [÷] 365 [M-] [MR]

(7) 7/7〜9/5…61日（両端入れ）

$$¥4,602,900×0.0203×\frac{61}{365}=¥15,615$$

〈キー操作〉ラウンドセレクターをCUT，小数点セレクターを0にセット
4,602,900 [×] [・] 0203 [×] 61 [÷] 365 [=]

(8) 6/17〜8/25…70日（両端入れ）

$$¥8,027,590×0.0173×\frac{70}{365}=¥26,633$$

¥8,027,590−¥26,633＝¥8,000,957

〈キー操作〉ラウンドセレクターをCUT，小数点セレクターを0にセット
8,027,590 [M+] [▶] [▶] [00] [・] 0173 [×] 70 [÷] 365 [M-] [MR]

3．売買・損益の計算（p.12〜17）

(1) $$\frac{\$48,900}{100米トン}×\frac{50kg}{907.2kg}×\frac{¥109.60}{\$1}=¥2,954$$

〈キー操作〉ラウンドセレクターを5/4，小数点セレクターを0にセット
48,900 [÷] 100 [×] 50 [÷] 907.2 [×] 109.6 [=]

(2) $$\frac{\$8,735.40}{20米トン}×\frac{70kg}{907.2kg}×\frac{¥108.20}{\$1}=¥3,646$$

〈キー操作〉ラウンドセレクターを5/4，小数点セレクターを0にセット
8,735.4 [÷] 20 [×] 70 [÷] 907.2 [×] 108.2 [=]

(3) $$\frac{£34.70}{40lb}×\frac{20kg}{0.4536kg}×\frac{¥152.60}{£1}=¥5,837$$

〈キー操作〉ラウンドセレクターを5/4，小数点セレクターを0にセット
34.7 [÷] 40 [×] 20 [÷] 4536 [×] 152.6 [=]

(4) $$\frac{£52.60}{40yd}×\frac{30m}{0.9144m}×\frac{¥148.17}{£1}=¥6,393$$

〈キー操作〉ラウンドセレクターを5/4，小数点セレクターを0にセット
52.6 [÷] 40 [×] 30 [÷] [・] 9144 [×] 148.17 [=]

(5) 予定売価をxとする。

$$x×(1-0.1)=¥495,000×(1+0.17)$$
$$0.9x=¥579,150$$
$$x=¥643,500$$

〈キー操作〉1 [-] [・] 1 [M+] 495,000 [×] 1.17 [÷] [MR] [=]

(6) 予定売価をxとする。

$$x×(1-0.08)=¥680,000×(1+0.15)$$
$$0.92x=¥782,000$$
$$x=¥850,000$$

〈キー操作〉1 [-] [・] 08 [M+] 680,000 [×] 1.15 [÷] [MR] [=]

(7) 原価をxとする。

$$x×(1+0.35)-¥22,500=x×(1+0.275)$$
$$1.35x-1.275x=¥22,500$$
$$0.075x=¥22,500$$
$$x=¥300,000$$

〈キー操作〉1.35 [-] 1.275 [M+] 22,500 [÷] [MR] [=]

(8) 原価をxとする。

$$x×(1+0.28)×(1-0.15)=x+¥47,520$$
$$1.088x-x=¥47,520$$
$$0.088x=¥47,520$$
$$x=¥540,000$$

〈キー操作〉1 [-] [・] 15 [×] 1.28 [-] 1 [M+] 47,520 [÷] [MR] [=]

(9) 原価をxとする。

$$x×(1+0.205)×(1-0.18)=x-¥3,451$$
$$0.9881x-x=-¥3,451$$
$$0.0119x=¥3,451$$
$$x=¥290,000$$

〈キー操作〉1 [-] [・] 18 [×] 1.205 [-] 1 [M+] 3,451 [÷] [MR] [=] [±]

(10) 原価をxとする。

$$(x+¥121,600)×(1-0.15)=x×(1+0.122)$$
$$(x+¥121,600)=1.122x÷0.85$$
$$x+¥121,600=1.32x$$
$$0.32x=¥121,600$$
$$x=¥380,000$$

〈キー操作〉1 [-] [・] 15 [M+] 1.122 [÷] [MR] [-] 1 [=] 121,600 [÷] [GT]

(11) 原価をxとする。

$$x×(1+0.32)-¥613,800=x×(1-0.076)$$
$$1.32x-0.924x=¥613,800$$
$$0.396x=¥613,800$$
$$x=¥1,550,000（原価）$$

¥1,550,000×(1-0.076)＝¥1,432,200

〈キー操作〉1 [-] [・] 076 [-] 1.32 [M+] 613,800 [÷] [MR] [=] 1 [-] [・]
076 [×] [GT] [=] [±]

(12) ¥540,000÷0.15＝¥3,600,000（予定売価）
原価をxとする。

$$¥3,600,000-¥540,000=x×(1+0.02)$$
$$1.02x=¥3,060,000$$
$$x=¥3,000,000$$

〈キー操作〉540,000 ÷ • 15 = − 540,000 ÷ 1.02 =

(13) ¥381,300÷0.31=¥1,230,000（予定売価）

原価をxとする。

$¥1,230,000-¥381,300=x×(1+0.15)$

$1.15x=¥848,700$

$x=¥738,000$

〈キー操作〉381,300 ÷ • 31 = − 381,300 ÷ 1.15 =

(14) ¥432,000÷0.05=¥8,640,000（予定売価）

原価をxとする。

$¥8,640,000-¥432,000=x×(1+0.125)$

$1.125x=¥8,208,000$

$x=¥7,296,000$（原価）

$¥7,296,000×0.125=¥912,000$

〈キー操作〉432,000 ÷ • 05 = − 432,000 ÷ 1.125 = × • 125 =

(15) ¥906,000÷0.2=¥4,530,000（予定売価）

原価をxとする。

$¥4,530,000-¥906,000=x×(1-0.04)$

$0.96x=¥3,624,000$

$x=¥3,775,000$（原価）

$¥3,775,000×0.04=¥151,000$

〈キー操作〉906,000 ÷ • 2 − 906,000 = 1 − • 04 M+ GT ÷ MR = × • 04 =

(16) ¥352,800÷(1+0.26)=¥280,000（原価）

$¥352,800-¥16,800=¥336,000$（実売価）

$¥336,000-¥280,000=¥56,000$（利益）

$¥56,000÷¥280,000=0.2$　20%

〈キー操作〉352,800 ÷ 1.26 M+ 352,800 − 16,800 = − MR ÷ MR %

(17) ¥931,500÷(1+0.15)=¥810,000（原価）

$¥891,000-¥810,000=¥81,000$（利益）

$¥81,000÷¥810,000=0.1$　10%

〈キー操作〉931,500 ÷ 1.15 M+ 891,000 − MR ÷ MR %

(18) 原価をxとする。

$x×(1+0.28)-¥412,100=x+¥1,363,100$

$1.28x-x=¥1,363,100+¥412,100$

$0.28x=¥1,775,200$

$x=¥6,340,000$（原価）

$¥1,363,100÷¥6,340,000=0.215$　21.5%

〈キー操作〉1.28 − 1 M+ 1,363,100 + 412,100 ÷ MR ÷ ÷ 1,363,100 %

(19) 原価をxとする。

$x×(1+0.35)-¥32,800=x+¥147,200$

$1.35x-x=¥147,200+¥32,800$

$0.35x=¥280,000$

$x=¥800,000$（原価）

$¥147,200÷¥800,000=0.184$　1割8分4厘

〈キー操作〉1.35 − 1 M+ 147,200 + 132,800 ÷ MR = ÷ ÷ 147,200 =

(20) 原価をxとする。

$x×(1+0.42)-¥2,345,300=¥4,328,700$

$1.42x=¥4,328,700+¥2,345,300$

$1.42x=¥6,674,000$

$x=¥4,700,000$（原価）

$1-¥4,328,700÷¥4,700,000=0.079$　7分9厘

〈キー操作〉4,328,700 + 2,345,300 ÷ 1.42 = ÷ ÷ 4,328,700 = − 1 ％

(21) ¥156,800÷0.16=¥980,000（原価）

予定売価をxとする。

$x-¥235,200=¥980,000+¥156,800$

$x=¥980,000+¥156,800+¥235,200$

$x=¥1,372,000$（予定売価）

$¥1,372,000÷¥980,000-1=0.4$　40%（増し）

〈キー操作〉156,800 ÷ • 16 M+ 156,800 + 235,200 ÷ MR − 1 %

(22) ¥7,976,400÷(1+0.156)=¥6,900,000（原価）

$¥6,900,000×(1+0.36)=¥9,384,000$（予定売価）

$¥9,384,000-¥7,976,400=¥1,407,600$（値引額）

$¥1,407,600÷¥9,384,000=0.15$　15%

〈キー操作〉7,976,400 ÷ 1.156 × 1.36 M+ − 7,976,400 ÷ MR %

(23) $¥750,000×(1+0.34)×\frac{1}{2}×(1-0.14)=¥432,150$

$¥750,000×(1+0.34)×\frac{1}{2}=¥502,500$

$¥432,150+¥502,500=¥934,650$

〈キー操作〉750,000 × 1.34 ÷ 2 = M+ 1 − • 14 × MR = GT

(24) $¥850,000×(1+0.23)×\frac{1}{3}×(1-0.1)=¥313,650$

$¥850,000×(1+0.23)×\frac{2}{3}=¥697,000$

$¥313,650+¥697,000=¥1,010,650$（実売価）

$¥1,010,650-¥850,000=¥160,650$

〈キー操作〉850,000 × 1.23 ÷ 3 = M+ M+ 1 − • 1 × GT M+ MR − 850,000 =

(25) $(¥3,620,000+¥180,000)×(1+0.26)×\frac{2}{3}×0.9$

$=¥2,872,800$

$(¥3,620,000+¥180,000)×(1+0.26)×\frac{1}{3}×0.85$

$=¥1,356,600$

$¥2,872,800+¥1,356,600=¥4,229,400$

〈キー操作〉3,620,000 + 180,000 × 1.26 ÷ 3 = × 2 × • 9 M+ GT × • 85 M+ MR

(26) ¥7,500,000+¥450,000=¥7,950,000（諸掛込原価）

$¥7,950,000×(1+0.29)×\frac{1}{3}×(1-0.16)=¥2,871,540$

$¥7,950,000×(1+0.29)×\frac{2}{3}-¥1,376,940$

$=¥5,460,060$

$¥2,871,540+¥5,460,060=¥8,331,600$（実売価）

$¥8,331,600-¥7,950,000=¥381,600$

〈キー操作〉7,500,000 + 450,000 M- × 1.29 ÷ 3 = M+ M+ 1,376,940 M- 1 − • 16 × GT M+ MR

(27) ¥6,500×12本×45ダース+¥170,000

$=¥3,680,000$（諸掛込原価）

$¥3,680,000×(1+0.34)×\frac{1}{2}×(1-0.15)=¥2,095,760$

$¥3,680,000×(1+0.34)×\frac{1}{2}-¥377,200$

$=¥2,088,400$

$¥2,095,760+¥2,088,400=¥4,184,160$（実売価）

$¥4,184,160-¥3,680,000=¥504,160$

〈キー操作〉6,500 × 12 × 45 + 170,000 M- 1.34 ÷ 2 = M+ 377,200 M- 1 − • 15 × GT M+ MR

(28) ￥46,500 × $\frac{3,600\text{kg}}{30\text{kg}}$ + ￥270,000

$= ￥5,850,000$ （諸掛込原価）

￥5,850,000 × $(1+0.44)$ × $\frac{1}{4}$ × $(1-0.28)$ = ￥1,516,320

￥5,850,000 × $(1+0.44)$ × $\frac{3}{4}$ - ￥923,070 = ￥5,394,930

￥1,516,320 + ￥5,394,930 = <u>￥6,911,250</u>

〈キー操作〉 46,500 ✕ 3,600 ÷ 30 ＋ 270,000 ✕ 1.44 ÷ 4
＝ M+ M+ M+ 923,070 M- 1 － ・ 28 ✕ GT M+ MR

4．仲立人の手数料の計算 （p.19）

(1) ￥2,745,400 ÷ (0.0276 + 0.0254)

$= ￥51,800,000$ （売買価額）

￥51,800,000 × $(1-0.0276)$ = <u>￥50,370,320</u>

〈キー操作〉 ・ 0276 ＋ ・ 0254 M+ 2,745,400 ÷ MR 1 － ・
0276 ✕ GT ＝

(2) ￥1,222,370 ÷ (0.0128 + 0.0123)

$= ￥48,700,000$ （売買価額）

￥48,700,000 × $(1+0.0123)$ = <u>￥49,299,010</u>

〈キー操作〉 ・ 0128 ＋ ・ 0123 M+ 1,222,370 ÷ MR ＝ 1 ＋ ・
0123 ✕ GT ＝

(3) ￥61,721,010 ÷ (1-0.0341) = ￥63,900,000 （売買価額）

￥63,900,000 × (0.0341 + 0.0327) = <u>￥4,268,520</u>

〈キー操作〉 1 － ・ 0341 M+ 61,721,010 ÷ MR ＝ ・ 0341 ＋
・ 0327 ✕ GT ＝

(4) ￥26,316,810 ÷ (1-0.0289)

$= ￥27,100,000$ （売買価額）

￥27,100,000 × $(1+0.0265)$ = <u>￥27,818,150</u>

〈キー操作〉 1 － ・ 0289 M+ 26,316,810 ÷ MR ＝ 1 ＋ ・ 0265
✕ GT ＝

(5) ￥97,005,240 ÷ (1+0.0386) = ￥93,400,000 （売買価額）

￥93,400,000 × (0.0402 + 0.0386) = <u>￥7,359,920</u>

〈キー操作〉 1 ＋ ・ 0386 M+ 97,005,240 ÷ MR ＝ ・ 0402 ＋
・ 0386 ✕ GT ＝

(6) ￥53,664,410 ÷ (1+0.0183) = ￥52,700,000 （売買価額）

￥52,700,000 × (1-0.0192) = <u>￥51,688,160</u>

〈キー操作〉 1 ＋ ・ 0183 M+ 53,664,410 ÷ MR ＝ 1 － ・ 0192
✕ GT ＝

(7) ￥74,231,190 ÷ (1-0.0397) = ￥77,300,000 （売買価額）

￥2,891,020 ÷ ￥77,300,000 = 0.0374 <u>3.74%</u>

〈キー操作〉 1 － ・ 0397 M+ 74,231,190 ÷ MR ＝ 2,891,020
÷ GT %

(8) ￥87,975,720 ÷ (1+0.0206) = ￥86,200,000 （売買価額）

￥1,887,780 ÷ ￥86,200,000 = 0.0219 <u>2.19%</u>

〈キー操作〉 1 ＋ ・ 0206 M+ 87,975,720 ÷ MR ＝ 1,887,780
÷ GT %

2．複利の計算

1．複利終価・利息・現価の計算 （p.20～21）

(1) 7 %，14期の複利終価率…2.57853415

￥37,150,000 × 2.57853415 = <u>￥95,792,544</u>

〈キー操作〉 ラウンドセレクターを5/4，小数点セレクターを0にセット
37,150,000 ✕ 2.57853415 ＝

(2) 3.5%，8期の複利終価率…1.31680904

￥56,780,000 × 1.31680904 = <u>￥74,768,417</u>

〈キー操作〉 ラウンドセレクターを5/4，小数点セレクターを0にセット
56,780,000 ✕ 1.31680904 ＝

(3) 3.5%，6期の複利終価率…1.22925533

￥43,560,000 × 1.22925533 = <u>￥53,546,362</u>

〈キー操作〉 ラウンドセレクターを5/4，小数点セレクターを0にセット
43,560,000 ✕ 1.22925533 ＝

(4) 2.5%，17期の複利終価率…1.52161826

￥57,430,000 × 1.52161826 = <u>￥87,386,537</u>

〈キー操作〉 ラウンドセレクターを5/4，小数点セレクターを0にセット
57,430,000 ✕ 1.40024142 ＝

(5) 2.5%，12期の複利終価率…1.34488882

￥10,680,000 × (1.34488882-1) = <u>￥3,683,413</u>

〈キー操作〉 ラウンドセレクターを5/4，小数点セレクターを0にセット
1.34488882 － 1 ✕ 10,680,000 ＝

(6) 2 %，11期の複利終価率…1.24337431

￥67,340,000 × (1.24337431-1) = <u>￥16,388,826</u>

〈キー操作〉 ラウンドセレクターを5/4，小数点セレクターを0にセット
1.24337431 － 1 ✕ 67,340,000 ＝

(7) 4 %，9期の複利現価率…0.70258674

￥30,510,000 × 0.70258674 = <u>￥21,435,921</u>

〈キー操作〉 ラウンドセレクターを5/4，小数点セレクターを0にセット
30,510,000 ✕ ・ 70258674 ＝

(8) 3.5%，13期の複利現価率…0.63940415

￥97,690,000 × 0.63940415 = <u>￥62,463,391</u>

〈キー操作〉 ラウンドセレクターを5/4，小数点セレクターを0にセット
97,690,000 ✕ ・ 63940415 ＝

(9) 5.5%，19期の複利現価率…0.36157906

￥17,580,000 × 0.36157906 = <u>￥6,356,560</u>

〈キー操作〉 ラウンドセレクターを5/4，小数点セレクターを0にセット
17,580,000 ✕ ・ 36157906 ＝

2．端数期間がある場合の計算 （p.22）

(1) 3.5%，6期の複利終価率…1.22925533

￥17,290,000 × 1.22925533 × $\left(1+0.035 × \frac{3}{6}\right)$

$= ￥21,625,767$

〈キー操作〉 ・ 035 ✕ 3 ÷ 6 ＋ 1 M+ 17,290,000 ✕
1.22925533 ✕ MR ＝

(2) 5 %，12期の複利終価率…1.79585633

￥56,480,000 × 1.79585633 × $\left(1+0.05 × \frac{9}{12}\right)$

$= ￥105,233,589$

￥105,233,589 - 56,480,000 = <u>￥48,753,589</u>

〈キー操作〉 ・ 05 ✕ 9 ÷ 12 ＋ 1 M+ 56,480,000 ✕
1.79585633 ✕ MR ＝ － 56,480,000 ＝

または，・ 05 ✕ 9 ÷ 12 ＋ 1 ✕ 1.79585633 － 1 ✕
56,480,000 ＝

(3) 6 %，7期の複利現価率…0.66505711

￥84,060,000 × 0.66505711 ÷ $\left(1+0.06 × \frac{6}{12}\right)$

$= ￥54,276,500$ （￥100未満切り上げ）

〈キー操作〉 ・ 06 ✕ 6 ÷ 12 ＋ 1 M+ 84,060,000 ✕ ・
66505711 ÷ MR ＝

(4) 2.5%，16期の複利現価率…0.67362493

￥35,710,000 × 0.67362493 ÷ $\left(1+0.025 × \frac{3}{6}\right)$

$= ￥23,758,200$ （￥100未満切り上げ）

〈キー操作〉 ・ 025 ✕ 3 ÷ 6 ＋ 1 M+ 35,710,000 ✕ ・
67362493 ÷ MR ＝

3. 減価償却費の計算

1. 定額法による計算 (p.24〜25)

(1), (2) 例題1を参照。

(3) 耐用年数26年の定額法償却率…0.039

¥81,460,000×0.039＝¥3,176,940 （毎期償却限度額）

¥3,176,940×9＝¥28,592,460

〈キー操作〉 81,460,000 ✕ ・ 039 ✕ 9 ＝

(4) 耐用年数17年の定額法償却率…0.059

¥23,270,000×0.059＝¥1,372,930 （毎期償却限度額）

¥1,372,930×14＝¥19,221,020

（第14期末減価償却累計額）

¥23,270,000−¥19,221,020＝¥4,048,980

〈キー操作〉 23,270,000 M+ ✕ ・ 059 ✕ 14 M− MR

(5) 耐用年数24年の定額法償却率…0.042

¥30,940,000×0.042＝¥1,299,480 （毎期償却限度額）

¥1,299,480×13＝¥16,893,240

〈キー操作〉 30,940,000 ✕ ・ 042 ✕ 13 ＝

(6) 耐用年数9年の定額法償却率…0.112

¥74,620,000×0.112＝¥8,357,440 （毎期償却限度額）

¥8,357,440×6＝¥50,144,640（第6期末減価償却累計額）

¥74,620,000−¥50,144,640＝¥24,475,360

〈キー操作〉 74,620,000 M+ ✕ ・ 112 ✕ 6 M− MR

2. 定率法による計算 (p.27〜29)

(1), (2) 例題1を参照。

(3) 耐用年数15年の定率法償却率…0.133

¥87,050,000×0.133＝¥11,577,650 （第1期末償却限度額）

¥87,050,000−¥11,577,650＝¥75,472,350

（第2期首帳簿価額）

¥75,472,350×0.133＝¥10,037,822 （第2期末償却限度額）

¥75,472,350−¥10,037,822＝¥65,434,528

（第3期首帳簿価額）

¥65,434,528×0.133＝¥8,702,792 （第3期末償却限度額）

¥65,434,528−¥8,702,792＝¥56,731,736

（第4期首帳簿価額）

〈キー操作〉ラウンドセレクターをCUT，小数点セレクターを0にセット

87,050,000 M+ ✕ ・ 133 ＝ M− MR ✕ ・ 133 ＝ M− MR ✕ ・ 133 ＝ M− MR

または，87,050,000 M+ ・ 133 ✕ ✕ MR M− MR M− MR M− MR

(4) 耐用年数7年の定率法償却率…0.286

¥76,420,000×0.286＝¥21,856,120 （第1期末償却限度額）

¥76,420,000−¥21,856,120＝¥54,563,880

（第2期首帳簿価額）

¥54,563,880×0.286＝¥15,605,269 （第2期末償却限度額）

¥54,563,880−¥15,605,269＝¥38,958,611

（第3期首帳簿価額）

¥38,958,611×0.286＝¥11,142,162 （第3期末償却限度額）

¥38,958,611−¥11,142,162＝¥27,816,449

（第4期首帳簿価額）

¥27,816,449×0.286＝¥7,955,504 （第4期末償却限度額）

¥27,816,449−¥7,955,504＝¥19,860,945

（第5期首帳簿価額）

〈キー操作〉ラウンドセレクターをCUT，小数点セレクターを0にセット

76,420,000 M+ ✕ ・ 286 ＝ M− MR ✕ ・ 286 ＝ M− MR ✕ ・ 286 ＝ M− MR ✕ ・ 286 ＝ M− MR

または，76,420,000 M+ ・ 286 ✕ ✕ MR M− MR M− MR M− MR

(5) 耐用年数19年の定率法償却率…0.105

¥91,740,000×0.105＝¥9,632,700

（第1期末償却限度額）・（第1期末減価償却累計額）

¥91,740,000−¥9,632,700＝¥82,107,300

（第2期首帳簿価額）

¥82,107,300×0.105＝¥8,621,266 （第2期末償却限度額）

¥9,632,700+¥8,621,266＝¥18,253,966

（第2期末減価償却累計額）

¥82,107,300−¥8,621,266＝¥73,486,034

（第3期首帳簿価額）

¥73,486,034×0.105＝¥7,716,033 （第3期末償却限度額）

¥18,253,966+¥7,716,033＝¥25,969,999

（第3期末減価償却累計額）

〈キー操作〉ラウンドセレクターをCUT，小数点セレクターを0にセット

91,740,000 M+ ✕ ・ 105 ＝ M− MR ✕ ・ 105 ＝ M− MR ✕ ・ 105 ＝ GT

または，91,740,000 M+ ・ 105 ✕ ✕ MR M− MR M− MR M− ＝

91,740,000 ＝ ±

(6) 耐用年数16年の定率法償却率…0.125

¥69,530,000×0.125＝¥8,691,250

（第1期末償却限度額）・（第1期末減価償却累計額）

¥69,530,000−¥8,691,250＝¥60,838,750

（第2期首帳簿価額）

¥60,838,750×0.125＝¥7,604,843 （第2期末償却限度額）

¥8,691,250+¥7,604,843＝¥16,296,093

（第2期末減価償却累計額）

¥60,838,750−¥7,604,843＝¥53,233,907

（第3期首帳簿価額）

¥53,233,907×0.125＝¥6,654,238 （第3期末償却限度額）

¥16,296,093+¥6,654,238＝¥22,950,331

（第3期末減価償却累計額）

¥53,233,907−¥6,654,238＝¥46,579,669

（第4期首帳簿価額）

¥46,579,669×0.125＝¥5,822,458 （第4期末償却限度額）

¥22,950,331+¥5,822,458＝¥28,772,789

（第4期末減価償却累計額）

〈キー操作〉ラウンドセレクターをCUT，小数点セレクターを0にセット

69,530,000 M+ ✕ ・ 125 ＝ M− MR ✕ ・ 125 ＝ M− MR ✕ ・ 125 ＝ M− MR ✕ ・ 125 ＝ GT

または，69,530,000 M+ ・ 125 ✕ ✕ MR M− MR M− MR M− MR M− ＝ 69,530,000 ＝ ±

(7) 耐用年数9年の定率法償却率…0.222

¥25,690,000×0.222＝¥5,703,180 （第1期末償却限度額）

¥25,690,000−¥5,703,180＝¥19,986,820

（第2期首帳簿価額）

¥19,986,820×0.222＝¥4,437,074 （第2期末償却限度額）

¥19,986,820−¥4,437,074＝¥15,549,746

（第3期首帳簿価額）

¥15,549,746×0.222＝¥3,452,043 （第3期末償却限度額）

〈キー操作〉ラウンドセレクターをCUT，小数点セレクターを0にセット

25,690,000 M+ ✕ ・ 222 ＝ M− MR ✕ ・ 222 ＝ M− MR ✕ ・ 222 ＝

または，25,690,000 M+ ・ 222 ✕ ✕ MR M− MR M− MR M−

(8) 耐用年数14年の定率法償却率…0.143

¥52,070,000×0.143＝¥7,446,010 （第1期末償却限度額）

¥52,070,000−¥7,446,010＝¥44,623,990

（第2期首帳簿価額）

¥44,623,990×0.143＝¥6,381,230 （第2期末償却限度額）

¥44,623,990 − ¥6,381,230 = ¥38,242,760

（第3期首帳簿価額）

¥38,242,760 × 0.143 = ¥5,468,714　（第3期末償却限度額）

¥38,242,760 − ¥5,468,714 = ¥32,774,046

（第4期首帳簿価額）

¥32,774,046 × 0.143 = ¥4,686,688　（第4期末償却限度額）

〈キー操作〉ラウンドセレクターをCUT，小数点セレクターを0にセット
52,070,000 M+ ✕ • 143 = M- MR ✕ • 143 = M- MR ✕ • 143
= M- MR ✕ • 143 =
または，52,070,000 M+ • 143 ✕✕ MR M- MR M- MR M- MR M-

4. 複利年金の計算

1. 複利年金終価・現価の計算 （p.31〜34）

(1) 3％，9期の複利年金終価率…10.15910613
¥246,000 × 10.15910613 = ¥2,499,140

〈キー操作〉ラウンドセレクターを5/4，小数点セレクターを0にセット
10.15910613 ✕ 246,000 =

(2) 3.5％，12期の複利年金終価率…14.60196164
¥539,000 × 14.60196164 = ¥7,870,457

〈キー操作〉ラウンドセレクターを5/4，小数点セレクターを0にセット
14.60196164 ✕ 539,000 =

(3) 4.5％，15期の複利年金終価率…20.78405429
¥681,000 × (20.78405429 − 1) = ¥13,472,941

〈キー操作〉ラウンドセレクターを5/4，小数点セレクターを0にセット
20.78405429 − 1 ✕ 681,000 =

(4) 4％，12期の複利年金終価率…15.02580546
¥957,000 × (15.02580546 − 1) = ¥13,422,696

〈キー操作〉ラウンドセレクターを5/4，小数点セレクターを0にセット
15.02580546 − 1 ✕ 957,000 =

(5) 5％，13期の複利年金現価率…9.39357299
¥180,000 × 9.39357299 = ¥1,690,843

〈キー操作〉ラウンドセレクターを5/4，小数点セレクターを0にセット
9.39357299 ✕ 180,000 =

(6) 3％，15期の複利年金現価率…11.93793509
¥349,000 × 11.93793509 = ¥4,166,339

〈キー操作〉ラウンドセレクターを5/4，小数点セレクターを0にセット
11.93793509 ✕ 349,000 =

(7) 4.5％，9期の複利年金現価率…7.26879050
¥149,000 × (7.26879050 + 1) = ¥1,232,050

〈キー操作〉ラウンドセレクターを5/4，小数点セレクターを0にセット
7.2687905 + 1 ✕ 149,000 =

(8) 3.5％，13期の複利年金現価率…10.30273849
¥278,000 × (10.30273849 + 1) = ¥3,142,161

〈キー操作〉ラウンドセレクターを5/4，小数点セレクターを0にセット
10.30273849 + 1 ✕ 278,000 =

2. 年賦金の計算 （p.35〜37）

(1) 5％，6期の複利賦金率…0.19701747
¥7,180,000 × 0.19701747 = ¥1,414,585

〈キー操作〉ラウンドセレクターを5/4，小数点セレクターを0にセット
7,180,000 ✕ • 19701747 =

(2) 3.5％，10期の複利賦金率…0.12024137
¥6,370,000 × 0.12024137 = ¥765,938

〈キー操作〉ラウンドセレクターを5/4，小数点セレクターを0にセット
6,370,000 ✕ • 12024137 =

(3)，(4) 例題2を参照。

3. 積立金の計算 （p.38〜40）

(1) 4.5％，8期の複利賦金率…0.15160965
¥5,800,000 × (0.15160965 − 0.045) = ¥618,336

〈キー操作〉ラウンドセレクターを5/4，小数点セレクターを0にセット
• 15160965 − • 045 ✕ 5,800,000 =

(2) 6％，7期の複利賦金率…0.17913502
¥4,600,000 × (0.17913502 − 0.06) = ¥548,021

〈キー操作〉ラウンドセレクターを5/4，小数点セレクターを0にセット
• 17913502 − • 06 ✕ 4,600,000 =

(3)，(4) 例題2を参照。

5. 証券投資の計算

1. 債券の計算 （p.41〜42）

(1) 5/20〜9/18（片落とし）…121日

$$¥8,400,000 × \frac{¥98.75}{¥100} = ¥8,295,000 \quad （売買値段）$$

$$¥8,400,000 × 0.063 × \frac{121}{365} = ¥175,433 \quad （経過利子）$$

¥8,295,000 + ¥175,433 = ¥8,470,433

〈キー操作〉ラウンドセレクターをCUT，小数点セレクターを0にセット
8,400,000 M+ ✕ • 9875 = MR ✕ • 063 ✕ 121 ÷ 365 = GT

(2) 12/25〜2/24（片落とし）…61日

$$¥7,500,000 × \frac{¥99.60}{¥100} = ¥7,470,000 \quad （売買値段）$$

$$¥7,500,000 × 0.031 × \frac{61}{365} = ¥38,856 \quad （経過利子）$$

¥7,470,000 + ¥38,856 = ¥7,508,856

〈キー操作〉ラウンドセレクターをCUT，小数点セレクターを0にセット
7,500,000 M+ ✕ • 996 = MR ✕ • 031 ✕ 61 ÷ 365 = GT

(3) 7/20〜11/5（片落とし）…108日

$$¥2,400,000 × \frac{¥100.34}{¥100} = ¥2,408,160 \quad （売買値段）$$

$$¥2,400,000 × 0.024 × \frac{108}{365} = ¥17,043 \quad （経過利子）$$

¥2,408,160 + ¥17,043 = ¥2,425,203

〈キー操作〉ラウンドセレクターをCUT，小数点セレクターを0にセット
2,400,000 M+ ✕ 1.0034 = MR ✕ • 024 ✕ 108 ÷ 365 = GT

(4) ¥100 − ¥98.65 = ¥1.35 （償還差益）

$$\frac{¥100 × 0.015 + \dfrac{¥1.35}{8}}{¥98.65} = 0.01691 \qquad 1.691\%$$

〈キー操作〉100 ✕ • 015 M+ 100 − 98.65 ÷ 8 M+ MR
98.65 ％
または，100 − 98.65 ÷ 8 + 1.5 ÷ 98.65 ％

(5) ¥100 − ¥99.25 = ¥0.75 （償還差益）

$$\frac{¥100 × 0.023 + \dfrac{¥0.75}{7}}{¥99.25} = 0.02425 \qquad 2.425\%$$

〈キー操作〉100 ✕ • 023 M+ 100 − 99.25 ÷ 7 M+ MR
99.25 ％
または，100 − 99.25 ÷ 7 + 2.3 ÷ 99.25 ％

(6) ¥100 − ¥100.90 = ¥−0.90 （償還差損）

$$\frac{¥100 × 0.043 − \dfrac{¥0.90}{9}}{¥100.90} = 0.04162 \qquad 4.162\%$$

〈キー操作〉100 ✕ • 043 M+ 100 − 100.9 ÷ 9 M+ MR
100.9 ％
または，100 − 100.9 ÷ 9 + 4.3 ÷ 100.9 ％

2．株式の計算（p.43〜46）

(1) ¥1,986×5,000＝¥9,930,000（約定代金）
¥9,930,000×0.007040＋¥11,528＝¥81,435（手数料）
¥9,930,000＋¥81,435＝¥10,011,435
〈キー操作〉ラウンドセレクターをCUT，小数点セレクターを0にセット
1,986 ⊠ 5,000 M+⊠• 00704 ＋ 11,528 M+ MR

(2) K銘柄　¥967×2,000＝¥1,934,000（約定代金）
¥1,934,000×0.0072600＋¥2,222＝¥16,262（手数料）
L銘柄　¥5,968×7,000＝¥41,776,000（約定代金）
¥41,776,000×0.0024750＋¥77,517＝¥180,912（手数料）
¥1,934,000＋¥16,262＋¥41,776,000＋¥180,912
＝¥43,907,174
〈キー操作〉ラウンドセレクターをCUT，小数点セレクターを0にセット
967 ⊠ 2,000 M+⊠• 00726 ＋ 2,222 M+ 5,968 ⊠ 7,000 M+
⊠• 002475 ＋ 77,517 M+ MR

(3) ¥3,475×6,000＝¥20,850,000（約定代金）
¥20,850,000×0.003850＋¥21,560
＝¥101,832（手数料）
¥20,850,000－¥101,832＝¥20,748,168
〈キー操作〉ラウンドセレクターをCUT，小数点セレクターを0にセット
3,475 ⊠ 6,000 M+⊠• 00385 ＋ 21,560 M− MR

(4) G銘柄　¥470×3,000＝¥1,410,000（約定代金）
¥1,410,000×0.0096800＋¥2,970＝¥16,618（手数料）
H銘柄　¥3,248×9,000＝¥29,232,000（約定代金）
¥29,232,000×0.0057750＋¥29,370＝¥198,184（手数料）
¥1,410,000－¥16,618＋¥29,232,000－¥198,184
＝¥30,427,198
〈キー操作〉ラウンドセレクターをCUT，小数点セレクターを0にセット
470 ⊠ 3,000 M+⊠• 00968 ＋ 2,970 M− 3,248 ⊠ 9,000 M+
⊠• 005775 ＋ 29,370 M− MR

(5) E銘柄…¥3.50÷¥221＝0.01583　1.6%
F銘柄…¥8.00÷¥782＝0.01023　1.0%
G銘柄…¥15.00÷¥1,685＝0.00890　0.9%
〈キー操作〉E…3.5 ÷ 221 ＝ (%)
F…8 ÷ 782 ＝ (%)
G…15 ÷ 1,685 ＝ (%)

(6) E銘柄…¥6.50÷¥302＝0.02152　2.2%
F銘柄…¥9.00÷¥549＝0.01639　1.6%
G銘柄…¥48.00÷¥2,630＝0.01825　1.8%
〈キー操作〉E…6.5 ÷ 302 ＝ (%)
F…9 ÷ 549 ＝ (%)
G…48 ÷ 2,630 ＝ (%)

(7) E銘柄…¥4.50÷¥196＝0.02295　2.3%
F銘柄…¥7.00÷¥468＝0.01495　1.5%
G銘柄…¥26.00÷¥3,270＝0.00795　0.8%
〈キー操作〉E…4.5 ÷ 196 ＝ (%)
F…7 ÷ 468 ＝ (%)
G…26 ÷ 3,270 ＝ (%)

(8) E銘柄…¥4.50÷0.017＝¥264
F銘柄…¥9.00÷0.023＝¥391
G銘柄…¥51.00÷0.008＝¥6,370
〈キー操作〉E…4.5 ÷• 017 ＝
F…9 ÷• 023 ＝
G…51 ÷• 008 ＝

(9) E銘柄…¥6.50÷0.012＝¥541
F銘柄…¥7.50÷0.026＝¥288
G銘柄…¥29.00÷0.007＝¥4,140
〈キー操作〉E…6.5 ÷• 012 ＝

F…7.5 ÷• 026 ＝
G…29 ÷• 007 ＝

(10) E銘柄…¥7.50÷0.019＝¥394
F銘柄…¥9.50÷0.014＝¥678
G銘柄…¥35.00÷0.009＝¥3,885
〈キー操作〉E…7.5 ÷• 019 ＝
F…9.5 ÷• 014 ＝
G…35 ÷• 009 ＝

第1級　第1回　普通計算部門

(A)乗算問題　☐ 珠算・電卓採点箇所　● 電卓のみ採点箇所

No.	金額
1	¥752,776,332
2	¥87,248,208
3	¥232,629
4	¥690,680,280
5	¥53,743,230

● ¥840,257,169	● 47.50%(47.5%)	53.02%
	5.51%	
	0.01%	
¥744,423,510	● 43.58%	● 46.98%
	3.39%	
● ¥1,584,680,679		

No.	金額
6	€1,311,287.04
7	€375,863.24
8	€463.05
9	€539,470,169.27
10	€91.69

€1,687,613.33	● 0.24%	● 0.31%
	0.07%	
	0.00%(0%)	
● €539,470,260.96	● 99.69%	99.69%
	0.00%(0%)	
● €541,157,874.29		

珠算各10点，100点満点　　電卓各5点，100点満点

(B)除算問題

No.	金額
1	¥8,459
2	¥40,737
3	¥9,716
4	¥502
5	¥698,310

¥58,912	1.12%	● 7.77%
	5.38%	
	● 1.28%	
● ¥698,812	0.07%	92.23%
	● 92.16%	
● ¥757,724		

No.	金額
6	£306.25
7	£8.93
8	£2,295.74
9	£156.48
10	£74.61

● £2,610.92	● 10.78%	91.87%
	0.31%	
	80.78%	
£231.09	● 5.51%	● 8.13%
	2.63%	
● £2,842.01		

珠算各10点，100点満点　　電卓各5点，100点満点

(C)見取算問題

No.	1	2	3	4	5
計	¥35,186,419	¥26,875,176	¥756,939,047	¥56,982,464,719	¥-844,798
小計	¥819,000,642			● ¥56,981,619,921	
合計	● ¥57,800,620,563				
答え比率	0.06%	0.05%	● 1.31%	● 98.58%	0.00%(0%)
小計比率	1.42%			● 98.58%	

No.	6	7	8	9	10
計	$343,669,595.59	$13,784,776.21	$49,962,402.01	$675,095.95	$97,549,255.23
小計	● $407,416,773.81			$98,224,351.18	
合計	● $505,641,124.99				
答え比率	● 67.97%	2.73%	9.88%	0.13%	● 19.29%
小計比率	● 80.57%			19.43%	

珠算各10点，100点満点　　電卓各5点，100点満点

第1級　第1回　ビジネス計算部門　　［5点×20］

(1)	¥264,326	(11)	¥8,322,903
(2)	¥95,187,240	(12)	¥4,064,393
(3)	¥83,272,746	(13)	¥62,897,353
(4)	¥5,549,451	(14)	3.451%
(5)	¥18,033,960	(15)	¥79,612,634
(6)	¥592,497	(16)	¥6,625,886
(7)	¥24,000,000	(17)	2割5分5厘
(8)	¥9,617,400	(18)	¥757,356
(9)	¥38,240,000	(19)	¥4,547,000
(10)	¥75,487,950		

(20)

積 立 金 表

期数	積 立 金	積 立 金 利 息	積 立 金 増 加 高	積 立 金 合 計 高
1	1,983,925	0	1,983,925	1,983,925
2	1,983,925	59,518	2,043,443	4,027,368
3	1,983,925	120,821	2,104,746	6,132,114
4	1,983,925	183,961	2,167,886	8,300,000
計	7,935,700	364,300	8,300,000	————

第1回　ビジネス計算部門の解式

(1) 2%, 14期の複利賦金率…0.08260197

¥3,200,000×0.08260197＝¥264,326

〈キー操作〉ラウンドセレクターを5/4, 小数点セレクターを0にセット
・08260197 × 3,200,000 ＝

(2) 3/12～5/6（両端入れ）…56日

$¥95,710,000×0.0356×\dfrac{56}{365}＝¥522,760$（割引料）

¥95,710,000－¥522,760＝¥95,187,240

〈キー操作〉ラウンドセレクターをCUT, 小数点セレクターを0にセット
95,710,000 M+ × ・0356 × 56 ÷ 365 M- MR

(3) 4%, 17期の複利終価率…1.94790050

¥42,750,000×1.94790050＝¥83,272,746

〈キー操作〉ラウンドセレクターを5/4, 小数点セレクターを0にセット
42,750,000 × 1.9479005 ＝

(4) 2.5%, 12期の複利年金現価率…10.25776460

¥541,000×10.25776460＝¥5,549,451

〈キー操作〉ラウンドセレクターを5/4, 小数点セレクターを0にセット
10.2577646 × 541,000 ＝

(5) 耐用年数24年の定額法償却率…0.042

¥61,340,000×0.042＝¥2,576,280（毎期償却限度額）

¥2,576,280×7＝¥18,033,960

〈キー操作〉61,340,000 × ・042 × 7 ＝

(6) $\dfrac{£4,760.50}{10英ガロン}×\dfrac{30L}{4.546L}×\dfrac{¥188.60}{£1}＝¥592,497$

〈キー操作〉4,760.5 ÷ 10 × 30 ÷ 4.546 × 188.6 ＝

(7) 予定売価を x, 原価を y とする。

$x×0.13＝¥5,200,000$

$x＝¥40,000,000$

$y×(1+0.45)＝¥40,000,000×(1-0.13)$

$y＝¥24,000,000$

〈キー操作〉
1 － ・13 M+ 5,200,000 ÷ ・13 ＝ × MR ÷ 1.45 ＝

(8) 3.5%, 14期の複利現価率…0.61778179

$¥15,840,000×0.61778179÷\left(1+0.035×\dfrac{3}{6}\right)$

$＝¥9,617,400$（¥100未満切り上げ）

〈キー操作〉・035 × 3 ÷ 6 ＋ 1 M+ ・61778179 ×
15,840,000 ÷ MR ＝

(9) 11/9～翌1/21（片落とし）…73日

$¥38,253,384÷\left(1+0.00175×\dfrac{73}{365}\right)＝¥38,240,000$

〈キー操作〉
・00175 × 73 ÷ 365 ＋ 1 M+ 38,253,384 ÷ MR ＝

(10) ¥70,443,270÷(1-0.0337)＝¥72,900,000
　　　　　　　　　　　　　　　　（売買価額）

¥72,900,000×(1+0.0355)＝¥75,487,950

〈キー操作〉
1 － ・0337 M+ 70,443,270 ÷ MR 1 ＋ ・0355 × GT ＝

－ 11 －

(//) G ¥546×2,000＝¥1,092,000（約定代金）

¥1,092,000×0.008800＋¥3,388＝¥12,997
（手数料）

¥1,092,000＋¥12,997＝¥1,104,997

H ¥1,789×4,000＝¥7,156,000（約定代金）

¥7,156,000×0.007040＋¥11,528＝¥61,906
（手数料）

¥7,156,000＋¥61,906＝¥7,217,906

¥1,104,997＋¥7,217,906＝¥8,322,903

〈キー操作〉ラウンドセレクターをCUT，小数点セレクターを0にセット
546 ☒ 2,000 M+ ☒ • 0088 ⊞ 3,388 M+ 1,789 ☒ 4,000
M+ ☒ • 00704 ⊞ 11,528 M+ MR

(/2) 4.5％，12期の複利年金終価率…15.46403184

¥281,000×(15.46403184−1)＝¥4,064,393

〈キー操作〉ラウンドセレクターを5/4，小数点セレクターを0にセット
15.46403184 ⊟ 1 ☒ 281,000 🟰

(/3) 耐用年数35年の定率法償却率…0.057

¥79,540,000 （第1期首帳簿価額）

¥79,540,000×0.057＝¥4,533,780 （第1期末償却限度額）

¥79,540,000−¥4,533,780＝¥75,006,220
（第2期首帳簿価額）

¥75,006,220×0.057＝¥4,275,354 （第2期末償却限度額）

¥75,006,220−¥4,275,354＝¥70,730,866
（第3期首帳簿価額）

¥70,730,866×0.057＝¥4,031,659 （第3期末償却限度額）

¥70,730,866−¥4,031,659＝¥66,699,207（第4期首帳簿価額）

¥66,699,207×0.057＝¥3,801,854 （第4期末償却限度額）

¥66,699,207−¥3,801,854＝¥62,897,353（第5期首帳簿価額）

〈キー操作〉ラウンドセレクターをCUT，小数点セレクターを0にセット
79,540,000 M+ ☒ • 057 🟰 M− MR ☒ • 057 🟰 M− MR ☒ • 057
🟰 M− MR ☒ • 057 🟰 M− MR

または，79,540,000 M+ • 057 ☒☒ MR M− MR M− MR M− MR

(/4) ¥100−¥97.65＝¥2.35（償還差益）

$$\frac{¥100×0.029+\dfrac{¥2.35}{5}}{¥97.65}=0.03451\!1 \qquad 3.451\%$$

〈キー操作〉
100 ☒ • 029 M+ 100 ⊟ 97.65 ÷ 5 M+ MR ÷ 97.65 ％

(/5) 9/8〜11/15（両端入れ）…69日

$$¥80,436,700×0.0542×\frac{69}{365}=¥824,156$$（割引料）

¥80,436,790−¥824,156＝¥79,612,634

〈キー操作〉ラウンドセレクターをCUT，小数点セレクターを0にセット
80,436,790 M+ ▶ ▶ 00 ☒ • 0542 ☒ 69 ÷ 365 M− MR

(/6) 8/20〜12/6（片落とし）…108日

$$¥6,700,000×\frac{¥98.45}{¥100}=¥6,596,150$$（売買値段）

$$¥6,700,000×0.015×\frac{108}{365}=¥29,736$$（経過利子）

¥6,596,150＋¥29,736＝¥6,625,886

〈キー操作〉ラウンドセレクターをCUT，小数点セレクターを0にセット
6,700,000 M+ ☒ • 9845 🟰 MR ☒ • 015 ☒ 108 ÷ 365 🟰 GT

(/7) 原価をxとする。

$x×0.35＝¥2,397,000＋¥893,000$

$0.35x＝¥3,290,000$

$x＝¥9,400,000$

¥2,397,000÷¥9,400,000＝0.255 2割5分5厘

〈キー操作〉2,397,000 M+ ⊞ 893,000 ÷ • 35 ⊟ ÷ MR 🟰

(/8) 4/21〜8/17（片落とし）…118日

5/16〜8/17（片落とし）… 93日

6/ 3〜8/17（片落とし）… 75日

¥43,160,000×118＝¥ 5,092,880,000

¥50,970,000× 93＝¥ 4,740,210,000

¥21,830,000× 75＝¥ 1,637,250,000

¥11,470,340,000（積数合計）

¥11,470,340,000×0.0241÷365＝¥757,356

〈キー操作〉ラウンドセレクターをCUT，小数点セレクターを0にセット
43,160,000 ☒ 118 🟰 50,970,000 ☒ 93 🟰 21,830,000 ☒
75 🟰 GT ☒ • 0241 ÷ 365 🟰

(/9) ¥6,240×500台＋¥155,000＝¥3,275,000
（諸掛込原価）

¥3,275,000×(1+0.48)＝¥4,847,000（予定売価）

¥4,847,000÷2＝¥2,423,500

¥2,423,500−(¥1,200×250台)＝¥2,123,500

¥2,423,500＋¥2,123,500＝¥4,547,000

〈キー操作〉6,240 ☒ 500 ⊞ 155,000 ☒ 1.48 ÷ 2 🟰 M+
1,200 ☒ 500 ÷ 2 M− MR ⊟ GT

(20) 3％，4期の複利賦金率…0.26902705

¥8,300,000×(0.26902705−0.03)＝¥1,983,925
（毎期積立金）（第1期末積立金増加高）・（第1期末積立金合計高）

¥1,983,925×4＝¥7,935,700
（積立金の合計）

¥1,983,925×0.03＝¥59,518 （第2期末積立金利息）

¥59,518＋¥1,983,925＝¥2,043,443 （第2期末積立金増加高）

¥2,043,443＋¥1,983,925＝¥4,027,368（第2期末積立金合計高）

¥4,027,368×0.03＝¥120,821 （第3期末積立金利息）

¥120,821＋¥1,983,925＝¥2,104,746 （第3期末積立金増加高）

¥2,104,446＋¥4,027,368＝¥6,132,114（第3期末積立金合計高）

¥8,300,000−¥6,132,114＝¥2,167,886（第4期末積立金増加高）

¥2,167,886−¥1,983,925＝¥183,961 （第4期末積立金利息）

¥8,300,000 （第4期末積立金合計高）・（積立金増加高の計）

¥8,300,000−¥7,935,700＝¥364,300 （積立金利息の計）

¥6,132,114×0.03＝¥183,963なので¥2調整

〈キー操作〉 [ ] は電卓の表示窓の数字
ラウンドセレクターを5/4，小数点セレクターを0にセット
• 26902705 ⊟ • 03 ☒ 8,300,000 M+ [1,983,925]
（毎期積立金）・（第1期末積立金増加高）・（第1期末積立金合計高）

☒ 4 🟰 [7,935,700] （積立金の合計）

MR ☒ • 03 🟰 [59,518] （第2期末積立金利息）

⊞ MR 🟰 [2,043,443] （第2期末積立金増加高）

⊞ MR 🟰 [4,027,368] （第2期末積立金合計高）

☒ • 03 🟰 [120,821] （第3期末積立金利息）

⊞ MR 🟰 [2,104,746] （第3期末積立金増加高）

⊞ 4,027,368 🟰 [6,132,114] （第3期末積立金合計高）

8,300,000 ⊟ 6,132,114 🟰 [2,167,886] （第4期末積立金増加高）

⊟ MR 🟰 [183,961] （第4期末積立金利息）

8,300,000 [8,300,000]（第4期末積立金合計高）・（積立金増加高の計）

⊟ 7,935,700 [364,300] （積立金利息の計）

第1級　第2回　普通計算部門

(A)乗算問題
　　　　　　　　□□□ 珠算・電卓採点箇所　　● 電卓のみ採点箇所

1	¥506,930,256			●	1.43%	
2	¥9,442	¥804,759,066			0.00%(0%)	● 2.26%
3	¥297,819,368				0.84%	
4	¥718,797	● ¥34,762,372,347			0.00%(0%)	97.74%
5	¥34,761,653,550			●	97.74%	
		● ¥35,567,131,413				

6	£6,145,332.26				61.55%	
7	£28,349.39	● £6,183,691.43		●	0.28%	61.93%
8	£10,009.78				0.10%(0.1%)	
9	£70.88	£3,800,785.58			0.00%(0%)	38.07%
10	£3,800,714.70			●	38.07%	

珠算各10点，100点満点　　　　　　● £9,984,477.01　　電卓各5点，100点満点

(B)除算問題

1	¥6,371				0.94%	
2	¥2,034	● ¥604,544			0.30%(0.3%)	89.17%
3	¥596,139			●	87.93%	
4	¥957	¥73,445		●	0.14%	10.83%
5	¥72,488				10.69%	
		● ¥677,989				

6	$3.82				0.13%	
7	$415.60	$1,059.67		●	14.14%	36.05%
8	$640.25				21.78%	
9	$1,792.93	● $1,879.99			60.99%	63.95%
10	$87.06			●	2.96%	

珠算各10点，100点満点　　　　　　● $2,939.66　　電卓各5点，100点満点

(C)見取算問題

No.	1	2	3	4	5
計	¥8,298,316	¥30,883,702	¥1,523,881	¥2,537,526,370	¥4,350,870,507
小計		● ¥40,705,899		¥6,888,396,877	
合計		● ¥6,929,102,776			
答え比率	● 0.12%	0.45%	0.02%	36.62%	● 62.79%
小計比率		0.59%		● 99.41%	

No.	6	7	8	9	10
計	€5,360,358.06	€22,616,265.83	€80,875,650.21	€300,126,889.22	€-5,211,456.82
小計		€108,852,274.10		● €294,915,432.40	
合計		● €403,767,706.50			
答え比率	1.33%	●5.60%(5.6%)	20.03%	● 74.33%	-1.29%
小計比率		● 26.96%		73.04%	

珠算各10点，100点満点　　電卓各5点，100点満点

(/)	¥35,772,200	(//)	2割/分4厘
(2)	¥56,623,986	(/2)	¥8,388,/36
(3)	¥62,750,000	(/3)	¥24,9/0,45/
(4)	3.25%	(/4)	¥9,768,224
(5)	¥//,675,840	(/5)	¥4,/83,924
(6)	¥555,394	(/6)	¥74,0/6,094
(7)	¥405,/55	(/7)	¥305,307
(8)	D：¥228　E：¥664　F：¥4,235	(/8)	¥6//,3/0
(9)	¥79,689,85/	(/9)	¥92,8/5,800
(/0)	¥/7,7/3,277		

(20)

減 価 償 却 計 算 表

期数	期首帳簿価額	償却限度額	減価償却累計額
/	96,/70,000	8,366,790	8,366,790
2	87,803,2/0	7,638,879	/6,005,669
3	80,/64,33/	6,974,296	22,979,965
4	73,/90,035	6,367,533	29,347,498

第2回　ビジネス計算部門の解式

(/)　6％, 15期の複利現価率…0.4/726506

　¥85,730,000×0.4/726506＝¥35,772,200

　　　　　　　　　　　　　（¥/00未満切り上げ）

〈キー操作〉・41726506 × 85,730,000 ＝

(2)　7/2～9/11（両端入れ）…72日

　$¥57,080,000×0.0405×\dfrac{72}{365}=¥456,0/4$（割引料）

　¥57,080,000－¥456,0/4＝¥56,623,986

〈キー操作〉ラウンドセレクターをCUT, 小数点セレクターを0にセット
57,080,000 M+ × ・ 0405 × 72 ÷ 365 M- MR

(3)　原価を x とする。

　$x×(/+0.34)×(/-0.15)=x+¥8,722,250$

　　　　　$/./39x=x+¥8,722,250$

　　　　　$0./39x=¥8,722,250$

　　　　　　　　$x=¥62,750,000$

〈キー操作〉1 − ・ 15 × 1.34 − 1 M+ 8,722,250 ÷ MR ＝

(4)　3/11～5/8（片落とし）…58日

　¥69,708,/50－¥69,350,000＝¥358,/50（利息）

　$¥358,/50÷\left(¥69,350,000×\dfrac{58}{365}\right)=0.0325$　　3.25%

〈キー操作〉69,350,000 × 58 ÷ 365 M+ 69,708,150 −
69,350,000 ÷ MR ％

(5)　耐用年数14年の定額法償却率…0.072

　¥23,540,000×0.072＝¥/,694,880　　（毎期償却限度額）

　¥/,694,880×7＝¥//,864,/60　（第7期末減価償却累計額）

　¥23,540,000－¥//,864,/60＝¥//,675,840

　　　　　　　　　　　　　　（第8期首帳簿価額）

〈キー操作〉23,540,000 M+ × ・ 072 × 7 M- MR

(6)　2.5%, 13期の複利賦金率…0.09/04827

　¥6,/00,000×0.09/04827＝¥555,394

〈キー操作〉ラウンドセレクターを5/4, 小数点セレクターを0にセット
・ 09104827 × 6,100,000 ＝

(7)　$¥/40.60×\dfrac{\$435,700}{\$/}=¥6/,259,420$

　$¥6/,259,420×\dfrac{/20kg}{907.2kg}÷20=¥405,/55$

〈キー操作〉140.6 × 435,700 × 120 ÷ 907.2 ÷ 20 ＝

(8)　D銘柄の指値…¥/.60÷0.007＝228.57　　　¥228

　　E銘柄の指値…¥9.30÷0.0/4＝664.28　　　¥664

　　F銘柄の指値…¥89.00÷0.02/＝4,238.09　¥4,235

〈キー操作〉D…1.6 ÷ ・ 007 ＝　　E…9.3 ÷ ・ 014 ＝
F…89 ÷ ・ 021 ＝

(9)　9/22～12/14（片落とし）…83日

　　10/4～12/14（片落とし）…71日

　　11/1～12/14（片落とし）…43日

　¥20,760,000×83＝¥/,723,080,000

　¥38,590,000×7/＝¥2,739,890,000

　¥19,720,000×43＝　¥847,960,000

　　　　　　　　　　¥5,3/0,930,000（積数合計）

　¥5,3/0,930,000×0.0426÷365＝¥6/9,85/（利息合計）

　¥20,760,000＋¥38,590,000＋¥/9,720,000＋

　¥6/9,85/＝¥79,689,85/

〈キー操作〉ラウンドセレクターをCUT, 小数点セレクターを0にセット
20,760,000 M+ × 83 ＝ 38,590,000 M+ × 71 ＝ 19,720,000
M+ × 43 ＝ GT × ・ 0426 ÷ 365 M+ MR

(10) 3.5%，18期の複利年金終価率…24.49969130

　　¥723,000×24.49969130＝¥17,713,277

　〈キー操作〉ラウンドセレクターを5/4，小数点セレクターを0にセット

　　24.4996913 ☒ 723,000 ▢

(11) 予定売価を x とする。

　　x＝(¥21,950,000＋¥3,050,000)×(1＋0.38)

　　x＝¥34,500,000

　　1－(¥27,117,000÷¥34,500,000)＝0.214

2割1分4厘

　〈キー操作〉1 M+ 21,950,000 ＋ 3,050,000 ☒ 1.38 ▢

　　27,117,000 ÷ GT M- MR

(12) 4/15～7/25（片落とし）…101日

　　¥8,400,000×$\frac{¥99.25}{¥100}$＝¥8,337,000（売買値段）

　　¥8,400,000×0.022×$\frac{101}{365}$＝¥51,136（経過利子）

　　¥8,337,000＋¥51,136＝¥8,388,136

　〈キー操作〉ラウンドセレクターをCUT，小数点セレクターを0にセット

　　8,400,000 M+ ☒ ・ 9925 ▢ MR ☒ ・ 022 ☒ 101 ÷ 365 ▢ GT

(13) 2%，19期の複利終価率…1.45681117

　　¥16,930,000×1.45681117×$\left(1+0.02\times\frac{3}{6}\right)$

　　　　　　　　　　　　　　　　　　＝¥24,910,451

　〈キー操作〉・ 02 ☒ 3 ÷ 6 ＋ 1 M+ 1.45681117 ☒

　　16,930,000 ☒ MR ▢

(14) J　¥1,720×2,400＝¥4,128,000（約定代金）

　　　　¥4,128,000×0.005390＋¥6,160＝¥28,409

　　　　　　　　　　　　　　　　　　　（手数料）

　　　　　¥4,128,000－¥28,409＝¥4,099,591

　　　K　¥815×7,000＝¥5,705,000（約定代金）

　　　　¥5,705,000×0.004620＋¥10,010＝¥36,367

　　　　　　　　　　　　　　　　　　　（手数料）

　　　　　¥5,705,000－¥36,367＝¥5,668,633

　　　　¥4,099,591＋¥5,668,633＝¥9,768,224

　〈キー操作〉ラウンドセレクターをCUT，小数点セレクターを0にセット

　　1,720 ☒ 2,400 M+ ☒ ・ 00539 ＋ 6,160 M- 815 ☒ 7,000 M+ ☒

　　・ 00462 ＋ 10,010 M- MR

(15) 4%，9期の複利年金現価率…7.43533161

　　¥496,000×(7.43533161＋1)＝¥4,183,924

　〈キー操作〉ラウンドセレクターを5/4，小数点セレクターを0にセット

　　7.43533161 ＋ 1 ☒ 496,000 ▢

(16) 1/14～4/9（平年，両端入れ）…86日

　　¥74,921,680×0.0513×$\frac{86}{365}$＝¥905,586（割引料）

　　¥74,921,680－¥905,586＝¥74,016,094

　〈キー操作〉ラウンドセレクターをCUT，小数点セレクターを0にセット

　　74,921,680 M+ ▶ ▶ 00 ☒ ・ 0513 ☒ 86 ÷ 365 M- MR

(17) 3%，10期の複利賦金率…0.11723051

　　¥3,500,000×(0.11723051－0.03)＝¥305,307

　〈キー操作〉ラウンドセレクターを5/4，小数点セレクターを0にセット

　　・ 11723051 － ・ 03 ☒ 3,500,000 ▢

(18) ¥11,986,350÷(1－0.0255)＝¥12,300,000

　　　　　　　　　　　　　　　　（売買価額）

　　¥12,300,000×(0.0255＋0.0242)＝¥611,310

　〈キー操作〉1 － ・ 0255 M+ 11,986,350 ÷ MR ＝ ・ 0255 ＋ ・

　　0242 ☒ GT ▢

(19) ¥81,000×$\frac{4,200箱}{5箱}$＋¥564,000＝¥68,604,000

　　　　　　　　　　　　　　　　　　　（諸掛込原価）

　　¥68,604,000×(1＋0.45)＝¥99,475,800（予定売価）

　　¥3,600×(4,200箱－2,350箱)＝¥6,660,000（値引額）

　　¥99,475,800－¥6,660,000＝¥92,815,800

　〈キー操作〉81,000 ☒ 4,200 ÷ 5 ＋ 564,000 ☒ 1.45 M+

　　4,200 － 2,350 ☒ 3,600 M- MR

(20) 耐用年数23年の定率法償却率…0.087

　　¥96,170,000　　　　　　　　　　（第1期首帳簿価額）

　　¥96,170,000×0.087＝¥8,366,790（第1期末償却限度額）

　　¥8,366,790　　　　　　　　　　（第1期末減価償却累計額）

　　¥96,170,000－¥8,366,790＝¥87,803,210

　　　　　　　　　　　　　　　　　（第2期首帳簿価額）

　　¥87,803,210×0.087＝¥7,638,879（第2期末償却限度額）

　　¥8,366,790＋¥7,638,879＝¥16,005,669

　　　　　　　　　　　　　　（第2期末減価償却累計額）

　　¥87,803,210－¥7,638,879＝¥80,164,331

　　　　　　　　　　　　　　　　　（第3期首帳簿価額）

　　¥80,164,331×0.087＝¥6,974,296（第3期末償却限度額）

　　¥16,005,669＋¥6,974,296＝¥22,979,965

　　　　　　　　　　　　　　（第3期末減価償却累計額）

　　¥80,164,331－¥6,974,296＝¥73,190,035

　　　　　　　　　　　　　　　　　（第4期首帳簿価額）

　　¥73,190,035×0.087＝¥6,367,533（第4期末償却限度額）

　　¥22,979,965＋¥6,367,533＝¥29,347,498

　　　　　　　　　　　　　　（第4期末減価償却累計額）

　〈キー操作〉[　]は電卓の表示窓の数字

　ラウンドセレクターをCUT，小数点セレクターを0にセット

　96,170,000 M+ [96,170,000]　　　　　　　　（第1期首帳簿価額）

　☒ ・ 087 ▢ M- [8,366,790]　　　　　　　　（第1期末償却限度額）

　GT [8,366,790]　　　　　　　　　　　　　（第1期末減価償却累計額）

　MR [87,803,210]　　　　　　　　　　　　（第2期首帳簿価額）

　☒ ・ 087 ▢ M- [7,638,879]　　　　　　　　（第2期末償却限度額）

　GT [16,005,669]　　　　　　　　　　　　（第2期末減価償却累計額）

　MR [80,164,331]　　　　　　　　　　　　（第3期首帳簿価額）

　☒ ・ 087 ▢ M- [6,974,296]　　　　　　　　（第3期末償却限度額）

　GT [22,979,965]　　　　　　　　　　　　（第3期末減価償却累計額）

　MR [73,190,035]　　　　　　　　　　　　（第4期首帳簿価額）

　☒ ・ 087 ▢ M- [6,367,533]　　　　　　　　（第4期末償却限度額）

　GT [29,347,498]　　　　　　　　　　　　（第4期末減価償却累計額）

第1級　第3回　普通計算部門

(A) 乗算問題　　□□□ 珠算・電卓採点箇所　　● 電卓のみ採点箇所

1	¥2,402,105,108
2	¥93,956,698
3	¥470
4	¥660,172,019
5	¥5,280,096,763

● ¥2,496,062,276	● 28.47%		29.59%
	1.11%		
	0.00%(0%)		
¥5,940,268,782	7.83%	●	70.41%
	● 62.59%		
● ¥8,436,331,058			

6	$80,000.00($80,000)
7	$302,341,426.60
8	$800.22
9	$1,167,904.55
10	$406.36

珠算各10点，100点満点

$302,422,226.82	0.03%	●	99.62%
	● 99.59%		
	0.00%(0%)		
● $1,168,310.91	● 0.38%		0.38%
	0.00%(0%)		
● $303,590,537.73			

● $303,590,537.73　電卓各5点，100点満点

(B) 除算問題

1	¥4,657
2	¥159,402
3	¥541
4	¥2,768
5	¥73,993

● ¥164,600	1.93%		68.20% (68.2%)
	● 66.04%		
	0.22%		
¥76,761	1.15%	●	31.80% (31.8%)
	● 30.66%		
● ¥241,361			

6	€92.36
7	€618.75
8	€8.24
9	€350.10
10	€7,081.29

珠算各10点，100点満点

€719.35	1.13%	●	8.83%
	● 7.59%		
	0.10%(0.1%)		
● €7,431.39	4.30%(4.3%)		91.17%
	● 86.88%		
● €8,150.74			

● €8,150.74　電卓各5点，100点満点

(C) 見取算問題

No.	1	2	3	4	5
計	¥1,102,970	¥799,092,745	¥26,662,248	¥49,134,939	¥14,876,059,033

小計	● ¥826,857,963		¥14,925,193,972	
合計	● ¥15,752,051,935			

答え比率	0.01%	● 5.07%	0.17%	0.31%	● 94.44%
小計比率	5.25%		● 94.75%		

No.	6	7	8	9	10
計	£554,641,651.43	£927,807.42	£65,552,925.25	£308,016,650.38	£-1,043,090.70

小計	£621,122,384.10		● £306,973,559.68	
合計	● £928,095,943.78			

答え比率	● 59.76%	0.10%(0.1%)	7.06%	● 33.19%	-0.11%
小計比率	● 66.92%		33.08%		

珠算各10点，100点満点　　電卓各5点，100点満点

第1級　第3回　ビジネス計算部門　［5点×20］

(1)	¥180,317	(11)	¥1,435,367
(2)	¥9,435,331	(12)	¥72,564,300
(3)	2割2分4厘	(13)	¥42,539,611
(4)	¥38,553,763	(14)	¥66,520,881
(5)	¥20,024,160	(15)	¥4,080,606
(6)	¥8,270,908	(16)	¥59,126,660
(7)	¥1,046,704	(17)	¥855,968
(8)	93日(間)	(18)	2.984%
(9)	¥669,607	(19)	¥563,180
(10)	¥30,100,000		

(20)

年賦償還表

期数	期首未済元金	年賦金	支払利息	元金償還高
1	860,000	130,384	38,700	91,684
2	768,316	130,384	34,574	95,810
3	672,506	130,384	30,263	100,121
4	572,385	130,384	25,757	104,627

第3回　ビジネス計算部門の解式

(1) 4/9～6/11（両端入れ）…64日

$¥31,740,000 × 0.0324 × \frac{64}{365} = ¥180,317$

〈キー操作〉ラウンドセレクターをCUT，小数点セレクターを0にセット
31,740,000 ⊠ • 0324 ⊠ 64 ÷ 365 ≡

(2) 3.5%，9期の複利年金終価率…10.36849581

$¥910,000 × 10.36849581 = ¥9,435,331$

〈キー操作〉ラウンドセレクターを5/4，小数点セレクターを0にセット
10.36849581 ⊠ 910,000 ≡

(3) 原価をxとする。

$x × 0.38 = ¥11,592,000 + ¥8,073,000$
$0.38x = ¥19,665,000$
$x = ¥51,750,000$
$¥11,592,000 ÷ ¥51,750,000 = 0.224$　2割2分4厘

〈キー操作〉11,592,000 M+ ＋ 8,073,000 ÷ • 38 ÷ ÷ MR ≡

(4) 7%，6期の複利終価率…1.50073035

$¥25,690,000 × 1.50073035 = ¥38,553,763$

〈キー操作〉ラウンドセレクターを5/4，小数点セレクターを0にセット
25,690,000 ⊠ 1.50073035 ≡

(5) 耐用年数26年の定額法償却率…0.039

$¥64,180,000 × 0.039 = ¥2,503,020$（毎期償却限度額）
$¥2,503,020 × 8 = ¥20,024,160$（第8期末減価償却累計額）

〈キー操作〉64,180,000 ⊠ • 039 ⊠ 8 ≡

(6) G $¥758 × 3,000 = ¥2,274,000$（約定代金）
$¥2,274,000 × 0.00864 + ¥4,860 = ¥24,507$（手数料）
$¥2,274,000 + ¥24,507 = ¥2,298,507$

H $¥1,480 × 4,000 = ¥5,920,000$（約定代金）
$¥5,920,000 × 0.00648 + ¥14,040 = ¥52,401$（手数料）
$¥5,920,000 + ¥52,401 = ¥5,972,401$
$¥2,298,507 + ¥5,972,401 = ¥8,270,908$

〈キー操作〉ラウンドセレクターをCUT，小数点セレクターを0にセット
758 ⊠ 3,000 M+ ⊠ • 00864 ＋ 4,860 M+ 1,480 ⊠ 4,000
M+ ⊠ • 00648 ＋ 14,040 M+ MR

(7) $\frac{€5,167.40}{20yd} × \frac{30m}{0.9144m} × \frac{¥123.48}{€1} = ¥1,046,704$

〈キー操作〉5,167.4 ÷ 20 ⊠ 30 ÷ • 9144 ⊠ 123.48 ≡

(8) $¥14,709,368 − ¥14,600,000 = ¥109,368$（利息）

$¥109,368 ÷ \left(¥14,600,000 × 0.0294 × \frac{1}{365}\right) = 93日（間）$

〈キー操作〉14,600,000 ⊠ • 0294 ÷ 365 M+ 14,709,368 －
14,600,000 ÷ MR ≡

(9) 5%，5期の複利賦金率…0.23097480

$¥3,700,000 × (0.23097480 − 0.05) = ¥669,607$

〈キー操作〉• 2309748 － • 05 ⊠ 3,700,000 ≡

(10) 予定売価をx，原価をyとする。

$x × 0.14 = ¥5,978,000$
$x = ¥42,700,000$
$y × (1 + 0.22) = ¥42,700,000 − ¥5,978,000$
$y = ¥30,100,000$

〈キー操作〉5,978,000 M+ ÷ • 14 － MR ÷ 1.22 ≡

(11) 3％，11期の複利年金現価率…9.25262411

¥140,000×(9.25262411＋1)＝¥1,435,367

〈キー操作〉9.25262411 ⊞ 1 ⊠ 140,000 ＝

(12) 2％，10期の複利現価率…0.82034830

$¥89,340,000×0.82034830÷\left(1+0.02×\frac{3}{6}\right)$

$=¥72,564,300$

〈キー操作〉
・ 02 ⊠ 3 ⊞ 6 ⊞ 1 M+ 8203483 ⊠ 89,340,000 ÷ MR ＝

(13) 8/13～10/6（両端入れ）…55日

$¥42,817,600×0.0431×\frac{55}{365}＝¥278,079$（割引料）

¥42,817,690－¥278,079＝¥42,539,611

〈キー操作〉ラウンドセレクターをCUT，小数点セレクターを0にセット
42,817,690 M+ ▶ ▶ 00 ⊠ ・ 0431 ⊠ 55 ÷ 365 M− MR

(14) ¥69,098,421÷(1＋0.0187)＝¥67,830,000

（売買価額）

¥67,830,000×(1－0.0193)＝¥66,520,881

〈キー操作〉69,098,421 ÷ 1.0187 M+ 1 − ・ 0193 ⊠ MR ＝

(15) 4/15～7/10（片落とし）…86日

$¥4,100,000×\frac{¥99.15}{¥100}＝¥4,065,150$（売買値段）

$¥4,100,000×0.016×\frac{86}{365}＝¥15,456$（経過利子）

¥4,065,150＋¥15,456＝¥4,080,606

〈キー操作〉ラウンドセレクターをCUT，小数点セレクターを0にセット
4,100,000 M+ ⊠ ・ 9915 ＝ MR ⊠ ・ 016 ⊠ 86 ÷ 365 ＝ GT

(16) 耐用年数13年の定率法償却率…0.154

¥97,650,000　　　　　　　　　　（第1期首帳簿価額）

¥97,650,000×0.154＝¥15,038,100　（第1期末償却限度額）

¥97,650,000－¥15,038,100＝¥82,611,900

（第2期首帳簿価額）

¥82,611,900×0.154＝¥12,722,232　（第2期末償却限度額）

¥82,611,900－¥12,722,232＝¥69,889,668

（第3期首帳簿価額）

¥69,889,668×0.154＝¥10,763,008　（第3期末償却限度額）

¥69,889,668－¥10,763,008＝¥59,126,660

（第4期首帳簿価額）

〈キー操作〉ラウンドセレクターをCUT，小数点セレクターを0にセット
97,650,000 M+ ⊠ ・ 154 ＝ M− MR ⊠ ・ 154 ＝ M− MR ⊠ ・
154 ＝ M− MR

または，97,650,000 M+ ・ 154 ⊠ ⊠ MR M− MR M− MR M− MR

(17) 6/28～9/12（片落とし）…76日

　　7/12～9/12（片落とし）…62日

　　8/ 3～9/12（片落とし）…40日

¥61,340,000×76＝¥4,661,840,000

¥57,480,000×62＝¥3,563,760,000

¥39,210,000×40＝¥1,568,400,000

　　　　　　　　　¥9,794,000,000（積数合計）

¥9,794,000,000×0.0319÷365＝¥855,968

〈キー操作〉ラウンドセレクターをCUT，小数点セレクターを0にセット
61,340,000 ⊠ 76 ＝ 57,480,000 ⊠ 62 ＝ 39,210,000 ⊠
40 ＝ GT ⊠ ・ 0319 ÷ 365 ＝

(18) ¥100－¥98.35＝¥1.65（償還差益）

$\frac{¥100×0.027+\dfrac{¥1.65}{7}}{¥98.35}=0.02984966 \qquad 2.984\%$

〈キー操作〉100 ⊠ ・ 027 M+ 100 − 98.35 ÷ 7 M+ MR ÷
98.35 ％

(19) $¥4,600×\frac{5,000kg}{5kg}+¥280,000＝¥4,880,000$

（諸掛込原価）

¥4,880,000×(1＋0.32)＝¥6,441,600（予定売価）

¥6,441,600÷2＝¥3,220,800

¥3,220,800×(1－0.15)＝¥2,737,680

¥3,220,800－¥515,300＝¥2,705,500

¥2,737,680＋¥2,705,500－¥4,880,000＝¥563,180

〈キー操作〉4,600 ⊠ 5,000 ÷ 5 ⊞ 280,000 ⊠ 1.32 ÷ 2
M+ 1 − ・ 15 ⊠ MR ＝ MR − 515,300 ＝ GT − 4,880,000 ＝

(20) 4.5％，8期の複利賦金率…0.15160965

¥860,000×0.15160965＝¥130,384　　（毎期の年賦金）

¥860,000×0.045＝¥38,700　　（第1期末支払利息）

¥130,384－¥38,700＝¥91,684　　（第1期末元金償還高）

¥860,000－¥91,684＝¥768,316　　（第2期首未済元金）

¥768,316×0.045＝¥34,574　　（第2期末支払利息）

¥130,384－¥34,574＝¥95,810　　（第2期末元金償還高）

¥768,316－¥95,810＝¥672,506　　（第3期首未済元金）

¥672,506×0.045＝¥30,263　　（第3期末支払利息）

¥130,384－¥30,263＝¥100,121　　（第3期末元金償還高）

¥672,506－¥100,121＝¥572,385　　（第4期首未済元金）

¥572,385×0.045＝¥25,757　　（第4期末支払利息）

¥130,384－¥25,757＝¥104,627　　（第4期末元金償還高）

〈キー操作〉[　]は電卓の表示窓の数字
ラウンドセレクターを5/4，小数点セレクターを0にセット
860,000 ⊠ ・ 15160965 M+ ［130,384］　　（毎期の年賦金）
860,000 ⊠ ・ 045 ＝ ［38,700］　　（第1期末支払利息）
− MR ＝ ［－91,684］　　（第1期末元金償還高）
⊞ 860,000 ＝ ［768,316］　　（第2期首未済元金）
⊠ ・ 045 ＝ ［34,574］　　（第2期末支払利息）
− MR ＝ ［－95,810］　　（第2期末元金償還高）
⊞ 768,316 ＝ ［672,506］　　（第3期首未済元金）
⊠ ・ 045 ＝ ［30,263］　　（第3期末支払利息）
− MR ＝ ［－100,121］　　（第3期末元金償還高）
⊞ 672,506 ＝ ［572,385］　　（第4期首未済元金）
⊠ ・ 045 ＝ ［25,757］　　（第4期末支払利息）
− MR ＝ ［－104,627］　　（第4期末元金償還高）

第１級　第４回　普通計算部門

(A) 乗算問題　　□ 珠算・電卓採点箇所　　● 電卓のみ採点箇所

1	¥432,109,235
2	¥37,804
3	¥67,557,464
4	¥2,357,777,760
5	¥746,066,228

	¥499,704,503	●	11.99%	●	13.87%
			0.00%(0%)		
			1.87%		
●	¥3,103,843,988	●	65.43%		86.13%
			20.70%(20.7%)		
●	¥3,603,548,491				

6	€4,194.75
7	€9,454.22
8	€37,829,230.66
9	€106,737.67
10	€56,220,284.68

●	€37,842,879.63		0.00%(0%)		40.19%
			0.01%		
		●	40.17%		
	€56,327,022.35		0.11%	●	59.81%
		●	59.70%(59.7%)		
●	€94,169,901.98				

珠算各10点，100点満点　　　電卓各5点，100点満点

(B) 除算問題

1	¥48,346
2	¥810,209
3	¥153
4	¥5,984
5	¥7,017

●	¥858,708		5.55%		98.51%
		●	92.94%		
			0.02%		
	¥13,001	●	0.69%	●	1.49%
			0.80%(0.8%)		
●	¥871,709				

6	£297.61
7	£95.50
8	£7,436.42
9	£3.25
10	£603.78

	£7,829.53		3.53%	●	92.80% (92.8%)
			1.13%		
		●	88.15%		
●	£607.03		0.04%		7.20% (7.2%)
		●	7.16%		
●	£8,436.56				

珠算各10点，100点満点　　　電卓各5点，100点満点

(C) 見取算問題

No.	1	2	3	4	5
計	¥8,337,020	¥666,659,779	¥7,517,326,927	¥127,948,715	¥6,902,626
小計	● ¥8,192,323,726			¥134,851,341	
合計		● ¥8,327,175,067			
答え比率	0.10%(0.1%)	8.01%	● 90.27%	● 1.54%	0.08%
小計比率	98.38%			● 1.62%	

No.	6	7	8	9	10
計	$24,296,308.98	$318,112,559.35	$40,237,092.25	$99,599,803.97	$-14,420,204.17
小計	$382,645,960.58			● $85,179,599.80	
合計		● $467,825,560.38			
答え比率	5.19%	●68.00%(68%)	8.60%(8.6%)	● 21.29%	-3.08%
小計比率	● 81.79%			18.21%	

珠算各10点，100点満点　　　電卓各5点，100点満点

第1級　第4回　ビジネス計算部門　　　[5点×20]

(/)	¥2/3,282	(//)	¥40,746,600
(2)	¥4,904,397	(/2)	¥36,405,360
(3)	D：/.2%　E：0.5%　F：3.0%	(/3)	¥5,442,365
(4)	¥2,/9/,500	(/4)	¥80,4/2,377
(5)	¥78,650,000	(/5)	¥96,780,998
(6)	¥36,/52,/60	(/6)	¥/4,32/,650
(7)	¥7,7/3,448	(/7)	¥8,975,446
(8)	¥543,6/8	(/8)	/割6分5厘
(9)	¥957,974	(/9)	¥69,757,8//
(/0)	¥34,384,//9		

(20)

積　立　金　表

期数	積　立　金	積立金利息	積立金増加高	積立金合計高
/	181,933	0	181,933	181,933
2	181,933	10,006	191,939	373,872
3	181,933	20,563	202,496	576,368
4	181,933	31,699	213,632	790,000
計	727,732	62,268	790,000	————

第4回　ビジネス計算部門の解式

(/) 8/9〜10/10（両端入れ）…63日

$$¥43,5/0,000×0.0284×\frac{63}{365}=¥2/3,282$$

〈キー操作〉ラウンドセレクターをCUT，小数点セレクターを0にセット
43,510,000 × . 0284 × 63 ÷ 365 ＝

(2) 5％，9期の複利年金現価率…7.10782/68
　¥690,000×7.10782/68＝¥4,904,397

〈キー操作〉7.10782168 × 690,000 ＝

(3) D銘柄の利回り…¥4.60÷¥38/＝0.0/20　　/.2%
　　E銘柄の利回り…¥3.40÷¥695＝0.0048　　0.5%
　　F銘柄の利回り…¥75.00÷¥2,470＝0.030　　3.0%

〈キー操作〉D…4.6 ÷ 381 ＝　　E…3.4 ÷ 695 ＝
F…75 ÷ 2,470 ＝

(4) 原価を x とする。
$x×(/+0.35)-¥846,000=x×(/-0.026)$
　　　　/.35x=0.974x+¥846,000
　　　/.35x-0.974x=¥846,000
　　　　0.376x=¥846,000
　　　　　　　x=¥846,000÷0.376
　　　　　　　x=¥2,250,000
¥2,250,000×(/-0.026)=¥2,/9/,500

〈キー操作〉
1 － . 026 M+ 1.35 － MR ＝ 846,000 ÷ GT × MR ＝

(5) 9/15〜11/27（片落とし）…73日

$$¥78,937,859÷\left(/+0.0/83×\frac{73}{365}\right)=¥78,650,000$$

〈キー操作〉
. 0183 × 73 ÷ 365 ＋ 1 M+ 78,937,859 ÷ MR ＝

(6) 耐用年数17年の定額法償却率…0.059
¥68,470,000×0.059=¥4,039,730　（毎期償却限度額）
¥4,039,730×8=¥32,3/7,840　（第8期末減価償却累計額）
¥68,470,000-¥32,3/7,840=¥36,/52,/60
　　　　　　　　　　　　　（第9期首帳簿価額）

〈キー操作〉68,470,000 M+ × . 059 × 8 M- MR

(7) 11/10〜翌2/13（片落とし）…95日

$$¥7,700,000×\frac{¥99.55}{¥/00}=¥7,665,350$$（売買値段）

$$¥7,700,000×0.024×\frac{95}{365}=¥48,098$$（経過利子）

¥7,665,350+¥48,098=¥7,7/3,448

〈キー操作〉ラウンドセレクターをCUT，小数点セレクターを0にセット
7,700,000 M+ × 9955 ＝ MR × . 024 × 95 ÷ 365 ＝ GT

(8) $\frac{£5,740.50}{/0英ガロン}×\frac{30L}{4.546L}×\frac{¥143.50}{£/}=¥543,6/8$

〈キー操作〉5,740.5 ÷ 10 × 30 ÷ 4.546 × 143.5 ＝

(9) 2％，7期の複利賦金率…0./545//96
¥6,200,000×0./545//96=¥957,974

〈キー操作〉6,200,000 × . 15451196 ＝

－ 20 －

(/0)　G　¥874×2,000＝¥1,748,000　（約定代金）

　　　　¥1,748,000×0.0086400＋¥2,700＝¥17,802
　　　　　　　　　　　　　　　　　　　　　（手数料）

　　　　　¥1,748,000－¥17,802＝¥1,730,198

　　　H　¥3,650×9,000＝¥32,850,000　（約定代金）

　　　　¥32,850,000×0.0024840＋¥114,480
　　　　　　　　　　　　　　　＝¥196,079　（手数料）

　　　　¥32,850,000－¥196,079＝¥32,653,921

　　　　¥1,730,198＋¥32,653,921＝¥34,384,119

〈キー操作〉ラウンドセレクターをCUT，小数点セレクターを0にセット

874 ✕ 2,000 M+ ✕ ・ 00864 ＋ 2,700 M- 3,650 ✕ 9,000 M+

✕ ・ 002484 ＋ 114,480 M- MR

(//)　3％，10期の複利現価率…0.7440939/

　　¥54,760,000×0.7440939/＝¥40,746,600

〈キー操作〉 ・ 74409391 ✕ 54,760,000 ＝

(/2)　¥2,049,660÷(0.0295＋0.0284)＝¥35,400,000
　　　　　　　　　　　　　　　　　　　　（売買価額）

　　¥35,400,000×(/＋0.0284)＝¥36,405,360

〈キー操作〉 ・ 0295 ＋ ・ 0284 M+ 2,049,660 ÷ MR ＝ 1 ＋ ・
0284 ✕ GT ＝

(/3)　耐用年数22年の定率法償却率…0.091

　　¥72,380,000　　　　　　　　　（第1期首帳簿価額）

　　¥72,380,000×0.091＝¥6,586,580　（第1期末償却限度額）

　　¥72,380,000－¥6,586,580＝¥65,793,420（第2期首帳簿価額）

　　¥65,793,420×0.091＝¥5,987,201　（第2期末償却限度額）

　　¥65,793,420－¥5,987,201＝¥59,806,219（第3期首帳簿価額）

　　¥59,806,219×0.091＝¥5,442,365　（第3期末償却限度額）

〈キー操作〉ラウンドセレクターをCUT，小数点セレクターを0にセット

72,380,000 M+ ✕ ・ 091 ＝ M- MR ✕ ・ 091 ＝ M- MR ✕

・ 091 ＝

　　または，72,380,000 M+ ・ 091 ✕ ✕ MR M- MR M- MR M-

(/4)　3/27〜6/13（片落とし）…78日

　　　4/14〜6/13（片落とし）…60日

　　　5/ 5〜6/13（片落とし）…39日

　　¥35,160,000×78＝¥2,742,480,000

　　¥26,840,000×60＝¥1,610,400,000

　　¥17,950,000×39＝¥　700,050,000

　　　　　　　　　　¥5,052,930,000　（積数合計）

　　¥5,052,930,000×0.0334÷365＝¥462,377

　　¥35,160,000＋¥26,840,000＋¥17,950,000
　　　　　　　　　　　　＋¥462,377＝¥80,412,377

〈キー操作〉ラウンドセレクターをCUT，小数点セレクターを0にセット

35,160,000 M+ ✕ 78 ＝ 26,840,000 M+ ✕ 60 ＝ 17,950,000

M+ ✕ 39 ＝ GT ✕ ・ 0334 ÷ 365 M+ MR

(/5)　11/2〜翌1/16（両端入れ）…76日

　　¥97,624,500×0.04/5×$\frac{76}{365}$＝¥843,582　（割引料）

　　¥97,624,580－¥843,582＝¥96,780,998

〈キー操作〉ラウンドセレクターをCUT，小数点セレクターを0にセット

97,624,580 M+ ▶ ▶ 00 ✕ ・ 0415 ✕ 76 ÷ 365 M- MR

(/6)　¥76,000×$\frac{8,500枚}{50枚}$＋¥1,190,000＝¥14,110,000
　　　　　　　　　　　　　　　　　　　（諸掛込原価）

　　¥14,110,000×(/＋0.4)＝¥19,754,000　（予定売価）

　　¥19,754,000÷2＝¥9,877,000

　　¥9,877,000×0.75＝¥7,407,750

　　¥9,877,000×0.7＝¥6,913,900

　　¥7,407,750＋¥6,913,900＝¥14,321,650

〈キー操作〉76,000 ✕ 8,500 ÷ 50 ＋ 1,190,000 ✕ 1.4 M+

÷ 2 ✕ ・ 75 ＝ MR ÷ 2 ✕ ・ 7 ＝ GT

(/7)　3％，15期の複利年金終価率…/8.59891389

　　¥510,000×(18.59891389－/)＝¥8,975,446

〈キー操作〉18.59891389 － 1 ✕ 510,000 ＝

(/8)　予定売価をxとする。

　　x＝(¥74,560,000＋¥3,440,000)×(/＋0./9)

　　x＝¥92,820,000

　　/－(¥77,504,700÷¥92,820,000)＝0.165　　/割6分5厘

〈キー操作〉1 M+ 74,560,000 ＋ 3,440,000 ✕ 1.19 ＝
77,504,700 ÷ GT M- MR

(/9)　2.5％，14期の複利終価率…/.4/297382

　　¥48,760,000×1.4/297382×$\left(/＋0.025×\frac{3}{6}\right)$

　　　　　　　　　　　　　　　　　＝¥69,757,811

〈キー操作〉 ・ 025 ✕ 3 ÷ 6 ＋ 1 M+ 1.41297382 ✕
48,760,000 ✕ MR ＝

(20)　5.5％，4期の複利賦金率…0.28529449

　　¥790,000×(0.28529449－0.055)＝¥181,933
　　　　　　（毎期積立金）・（第1期末積立金増加高）・（第1期末積立金合計高）

　　¥181,933×4＝¥727,732　　　　　　（積立金の合計）

　　¥181,933×0.055＝¥10,006　　　　（第2期末積立金利息）

　　¥10,006＋¥181,933＝¥191,939　　（第2期末積立金増加高）

　　¥191,939＋¥181,933＝¥373,872　　（第2期末積立金合計高）

　　¥373,872×0.055＝¥20,563　　　　（第3期末積立金利息）

　　¥20,563＋¥181,933＝¥202,496　　（第3期末積立金増加高）

　　¥202,496＋¥373,872＝¥576,368　　（第3期末積立金合計高）

　　¥790,000－¥576,368＝¥213,632　　（第4期末積立金増加高）

　　¥213,632－¥181,933＝¥31,699　　（第4期末積立金利息）

　　¥790,000　　　　（第4期末積立金合計高）・（積立金増加高の計）

　　¥790,000－¥727,732＝¥62,268　　　（積立金利息の計）

　　¥576,368×0.055＝¥31,700なので¥/調整

〈キー操作〉［　］は電卓の表示窓の数字

ラウンドセレクターを5/4，小数点セレクターを0にセット

・ 28529449 － ・ 055 ✕ 790,000 M+ ［181,933］
　　　　（毎期積立金）・（第1期末積立金増加高）・（第1期末積立金合計高）

✕ 4 ＝ ［727,732］　　　　　　　　　　　　（積立金の合計）

MR ✕ ・ 055 ＝ ［10,006］　　　　　　　　（第2期末積立金利息）

＋ MR ＝ ［191,939］　　　　　　　　　　（第2期末積立金増加高）

＋ MR ＝ ［373,872］　　　　　　　　　　（第2期末積立金合計高）

✕ ・ 055 ＝ ［20,563］　　　　　　　　　（第3期末積立金利息）

＋ MR ＝ ［202,496］　　　　　　　　　　（第3期末積立金増加高）

＋ 373,872 ＝ ［576,368］　　　　　　　（第3期末積立金合計高）

790,000 － 576,368 ＝ ［213,632］　　（第4期末積立金増加高）

－ MR ＝ ［31,699］　　　　　　　　　　（第4期末積立金利息）

790,000 ［790,000］　（第4期末積立金合計高）・（積立金増加高の計）

－ 727,732 ＝ ［62,268］　　　　　　　　（積立金利息の計）

第1級　第5回　普通計算部門

(A)乗算問題　[　　　]珠算・電卓採点箇所　●電卓のみ採点箇所

No.	金額				
1	¥466,490,332			0.72%	3.35%
2	¥9,803,681	● ¥2,176,589,473		0.02%	
3	¥1,700,295,460		●	2.62%	
4	¥397	¥62,728,281,103		0.00%(0%)	● 96.65%
5	¥62,728,280,706		●	96.65%	
		● ¥64,904,870,576			

No.	金額				
6	£245.28			0.00%(0%)	
7	£9,855,386.76	£10,590,665.91	●	19.14%	● 20.57%
8	£735,033.87			1.43%	
9	£36,380,266.65		●	70.65%	79.43%
10	£4,519,366.64	● £40,899,633.29		8.78%	
		● £51,490,299.20			

珠算各10点，100点満点　　　　電卓各5点，100点満点

(B)除算問題

No.	金額				
1	¥6,859		●	2.93%	● 12.42%
2	¥510	¥29,111		0.22%	
3	¥21,742			9.27%	
4	¥196,263	● ¥205,334	●	83.71%	87.58%
5	¥9,071			3.87%	
		● ¥234,445			

No.	金額				
6	$3.75			0.05%	
7	$7,200.36	● $7,609.95	●	87.48%	92.45%
8	$405.84			4.93%	
9	$539.87			6.56%	● 7.55%
10	$81.48	$621.35	●	0.99%	
		● $8,231.30			

珠算各10点，100点満点　　　　電卓各5点，100点満点

(C)見取算問題

No.	1	2	3	4	5
計	¥31,346,675	¥521,968	¥4,502,402,475	¥-1,254,371	¥10,206,865,879
小計	¥4,534,271,118			● ¥10,205,611,508	
合計	● ¥14,739,882,626				
答え比率	0.21%	0.00%(0%)	● 30.55%	-0.01%	● 69.25%
小計比率	● 30.76%			69.24%	

No.	6	7	8	9	10
計	€2,025,467.57	€66,894,581.01	€567,457,671.66	€184,272,462.77	€8,540,341.32
小計	● €636,377,720.24			€192,812,804.09	
合計	● €829,190,524.33				
答え比率	0.24%	● 8.07%	68.44%	● 22.22%	1.03%
小計比率	76.75%			● 23.25%	

珠算各10点，100点満点　　　電卓各5点，100点満点

第1級　第5回　ビジネス計算部門　　　　　　［5点×20］

(1)	¥263,421	(11)	¥784,080
(2)	¥19,916,841	(12)	¥926,121
(3)	¥70,380,000	(13)	1割9分6厘
(4)	¥437,051	(14)	¥941,435
(5)	¥25,488,760	(15)	¥69,883,300
(6)	¥7,988,608	(16)	¥21,535,161
(7)	¥8,164,359	(17)	¥5,700,554
(8)	4.12%	(18)	2.351%
(9)	¥6,974,287	(19)	¥4,762,200
(10)	¥30,208,113		

(20)

減 価 償 却 計 算 表

期数	期 首 帳 簿 価 額	償 却 限 度 額	減 価 償 却 累 計 額
1	61,840,000	4,576,160	4,576,160
2	57,263,840	4,237,524	8,813,684
3	53,026,316	3,923,947	12,737,631
4	49,102,369	3,633,575	16,371,206

第5回　ビジネス計算部門の解式

(1) 2/16～4/7（平年，両端入れ）…51日

$$¥76,950,000×0.0245×\frac{51}{365}=¥263,421$$

〈キー操作〉ラウンドセレクターをCUT，小数点セレクターを0にセット
76,950,000 ✕ • 0245 ✕ 51 ÷ 365 ＝

(2) 3％，10期の複利終価率…1.34391638

$$¥14,820,000×1.34391638=¥19,916,841$$

〈キー操作〉ラウンドセレクターを5/4，小数点セレクターを0にセット
14,820,000 ✕ 1.34391638 ＝

(3) 原価を x とする。

$$x×(1+0.31)-¥9,792,000=x×(1+0.15)$$
$$1.31x-1.15x=¥9,792,000$$
$$0.16x=¥9,792,000$$
$$x=¥61,200,000$$
$$¥61,200,000×(1+0.15)=¥70,380,000$$

〈キー操作〉1.31 ─ 1.15 M+ 9,792,000 ÷ MR ✕ 1.15 ＝

(4) 3.5%，7期の複利賦金率…0.16354449

$$¥3,400,000×(0.16354449-0.035)=¥437,051$$

〈キー操作〉• 16354449 ─ • 035 ✕ 3,400,000 ＝

(5) 耐用年数19年の定額法償却率…0.053

$$¥43,720,000×0.053=¥2,317,160\quad（毎期償却限度額）$$
$$¥2,317,160×11=¥25,488,760\quad（第11期末減価償却累計額）$$

〈キー操作〉43,720,000 ✕ • 053 ✕ 11 ＝

(6) 9/20～11/18（片落とし）…59日

$$¥8,100,000×\frac{¥98.35}{¥100}=¥7,966,350\quad（売買値段）$$
$$¥8,100,000×0.017×\frac{59}{365}=¥22,258\quad（経過利子）$$
$$¥7,966,350+¥22,258=¥7,988,608$$

〈キー操作〉ラウンドセレクターをCUT，小数点セレクターを0にセット
8,100,000 M+ ✕ • 9835 ＝ MR ✕ • 017 ✕ 59 ÷ 365 ＝ GT

(7) $$\frac{€29,048.60}{30yd}×\frac{60m}{0.9144m}×\frac{¥128.50}{€1}=¥8,164,359$$

〈キー操作〉29,048.6 ÷ 30 ✕ 60 ÷ • 9144 ✕ 128.5 ＝

(8) 6/23～9/16（片落とし）…85日

$$¥84,755,460-¥83,950,000=¥805,460\quad（利息）$$
$$¥805,460÷\left(¥83,950,000×\frac{85}{365}\right)=0.0412\quad 4.12\%$$

〈キー操作〉83,950,000 ✕ 85 ÷ 365 M+ 84,755,460 ─
83,950,000 ÷ MR %

(9) 2％，12期の複利年金終価率…13.41208973

$$¥520,000×13.41208973=¥6,974,287$$

〈キー操作〉13.41208973 ✕ 520,000 ＝

(10) G　¥943×7,000=¥6,601,000（約定代金）
　　　¥6,601,000×0.005292+¥6,048
　　　　　　　　=¥40,980（手数料）
　　　¥6,601,000+¥40,980=¥6,641,980

H　¥4,691×5,000=¥23,455,000（約定代金）
　　¥23,455,000×0.004158+¥13,608
　　　　　　　　　　　=¥111,133（手数料）
　　¥23,455,000+¥111,133=¥23,566,133
　　¥6,641,980+¥23,566,133=¥30,208,113
〈キー操作〉ラウンドセレクターをCUT，小数点セレクターを0にセット
943 × 7,000 M+ × · 005292 ＋ 6,048 M+ 4,691 × 5,000
M+ × · 004158 ＋ 13,608 M+ MR

(11) ¥15,814,440÷(1-0.0238)=¥16,200,000（売買価額）
　　¥16,200,000×(0.0238+0.0246)=¥784,080
〈キー操作〉1 － · 0238 M+ 15,814,440 ÷ MR ＝ · 0238 ＋ · 0246 × GT ＝

(12) 3％，10期の複利賦金率…0.11723051
　　¥7,900,000×0.11723051=¥926,121
〈キー操作〉· 11723051 × 7,900,000 ＝

(13) 原価を x とする。
　　$x×0.34=¥1,274,000+¥936,000$
　　$0.34x=¥2,210,000$
　　　$x=¥6,500,000$
　　¥1,274,000÷¥6,500,000=0.196　　1割9分6厘
〈キー操作〉1,274,000 M+ ＋ 936,000 ÷ · 34 ÷ ÷ MR ＝

(14) 4/25～7/16（片落とし）…82日
　　5/19～7/16（片落とし）…58日
　　6/ 3～7/16（片落とし）…43日
　　¥72,310,000×82=¥5,929,420,000
　　¥54,960,000×58=¥3,187,680,000
　　¥18,270,000×43=¥　785,610,000
　　　　　　　　　¥9,902,710,000（積数合計）
　　¥9,902,710,000×0.0347÷365=¥941,435
〈キー操作〉ラウンドセレクターをCUT，小数点セレクターを0にセット
72,310,000 × 82 ＝ 54,960,000 × 58 ＝ 18,270,000 × 43
＝ GT × · 0347 ÷ 365 ＝

(15) 2.5％，12期の複利現価率…0.74355589
　　$¥95,160,000×0.74355589÷\left(1+0.025×\dfrac{6}{12}\right)$
　　　　　　　　　　　　　　　　=¥69,883,300
〈キー操作〉· 025 × 6 ÷ 12 ＋ 1 M+ · 74355589 ×
95,160,000 ÷ MR ＝

(16) 5/22～8/16（両端入れ）…87日
　　$¥21,758,600×0.0431×\dfrac{87}{365}=¥223,529$（割引料）
　　¥21,758,690-¥223,529=¥21,535,161
〈キー操作〉ラウンドセレクターをCUT，小数点セレクターを0にセット
21,758,690 M+ ▶ ▶ 00 × · 0431 × 87 ÷ 365 M- MR

(17) 5％，7期の複利年金現価率…5.78637340
　　¥840,000×(5.7863734+1)=¥5,700,554
〈キー操作〉5.7863734 ＋ 1 × 840,000 ＝

(18) ¥100-¥99.65=¥0.35（償還差益）
　　$\dfrac{¥100×0.023+\dfrac{¥0.35}{8}}{¥99.65}=0.0235181$　　2.351％
〈キー操作〉
100 × · 023 M+ 100 － 99.65 ÷ 8 M+ MR ÷ 99.65 ％

(19) ¥4,080×900箱×(1+0.35)=¥4,957,200
　　　　　　　　　　　　　　　　　　（予定売価）
　　¥650×(900箱-600箱)=¥195,000（値引額）
　　¥4,957,200-¥195,000=¥4,762,200
〈キー操作〉4,080 × 900 × 1.35 M+ 900 － 600 × 650 M- MR
(20) 耐用年数27年の定率法償却率…0.074
　　¥61,840,000（第1期首帳簿価額）
　　¥61,840,000×0.074=¥4,576,160
　　　　　　　　（第1期末償却限度額）・（第1期末減価償却累計額）
　　¥61,840,000-¥4,576,160=¥57,263,840（第2期首帳簿価額）
　　¥57,263,840×0.074=¥4,237,524（第2期末償却限度額）
　　¥4,576,160+¥4,237,524=¥8,813,684（第2期末減価償却累計額）
　　¥57,263,840-¥4,237,524=¥53,026,316（第3期首帳簿価額）
　　¥53,026,316×0.074=¥3,923,947（第3期末償却限度額）
　　¥8,813,684+¥3,923,947=¥12,737,631（第3期末減価償却累計額）
　　¥53,026,316-¥3,923,947=¥49,102,369（第4期首帳簿価額）
　　¥49,102,369×0.074=¥3,633,575（第4期末償却限度額）
　　¥12,737,631+¥3,633,575=¥16,371,206
　　　　　　　　　　　　　（第4期末減価償却累計額）

〈キー操作〉[　]は電卓の表示窓の数字
ラウンドセレクターをCUT，小数点セレクターを0にセット
61,840,000 M+ ［61,840,000］（第1期首帳簿価額）
× · 074 ＝ M- ［4,576,160］
　　　　（第1期末償却限度額）・（第1期末減価償却累計額）
MR ［57,263,840］（第2期首帳簿価額）
× · 074 ＝ M- ［4,237,524］（第2期末償却限度額）
GT ［8,813,684］（第2期末減価償却累計額）
MR ［53,026,316］（第3期首帳簿価額）
× · 074 ＝ M- ［3,923,947］（第3期末償却限度額）
GT ［12,737,631］（第3期末減価償却累計額）
MR ［49,102,369］（第4期首帳簿価額）
× · 074 ＝ M- ［3,633,575］（第4期末償却限度額）
GT ［16,371,206］（第4期末減価償却累計額）

第1級　第6回　普通計算部門

(A)乗算問題　　☐ 珠算・電卓採点箇所　　● 電卓のみ採点箇所

1	¥217,151,712
2	¥49,618
3	¥977,364
4	¥822,502,018
5	¥29,370,981,360

¥218,178,694	●	0.71%	● 0.72%
		0.00%(0%)	
		0.00%(0%)	
● ¥30,193,483,378		2.70%(2.7%)	99.28%
	●	96.58%	
● ¥30,411,662,072			

6	$978.96
7	$3,449,300.61
8	$6,041,683.45
9	$15,715,000.14
10	$366.89

● $9,491,963.02		0.00%(0%)	37.66%
		13.68%	
	●	23.97%	
$15,715,367.03	●	62.34%	● 62.34%
		0.00%(0%)	
● $25,207,330.05			

珠算各10点，100点満点　　　　電卓各5点，100点満点

(B)除算問題

1	¥3,524
2	¥4,372
3	¥82,077
4	¥591
5	¥609,813

● ¥89,973		0.50%(0.5%)	12.85%
		0.62%	
	●	11.72%	
¥610,404		0.08%	● 87.15%
	●	87.07%	
● ¥700,377			

6	€234.25
7	€1.90
8	€764.08
9	€5,154.69
10	€93.06

€1,000.23		3.75%	16.01%
	●	0.03%	
	●	12.23%	
● €5,247.75	●	82.50%(82.5%)	83.99%
		1.49%	
● €6,247.98			

珠算各10点，100点満点　　　　電卓各5点，100点満点

(C)見取算問題

No.	1	2	3	4	5
計	¥12,588,542,781	¥8,045,414	¥285,449,833	¥19,949,092,300	¥12,470,397
小計	¥12,882,038,028			● ¥19,961,562,697	
合計	● ¥32,843,600,725				
答え比率	● 38.33%	0.02%	0.87%	● 60.74%	0.04%
小計比率	● 39.22%			60.78%	

No.	6	7	8	9	10
計	£513,543,883.06	£32,916,087.44	£44,156,500.43	£-501,484.31	£39,047,199.50
小計	● £590,616,470.93			£38,545,715.19	
合計	● £629,162,186.12				
答え比率	81.62%	● 5.23%	7.02%	-0.08%	● 6.21%
小計比率	93.87%			● 6.13%	

珠算各10点，100点満点　　　電卓各5点，100点満点

(/)	¥272,557	(//)	¥65,330,300
(2)	¥7,651,318	(/2)	¥138,260,473
(3)	/割4分5厘	(/3)	¥56,267,953
(4)	¥9,491,267	(/4)	¥96,118,040
(5)	¥10,560,680	(/5)	¥2,100,000
(6)	¥2,222,440	(/6)	1.846%
(7)	95日（間）	(/7)	¥35,893,400
(8)	¥31,928,624	(/8)	¥5,397,501
(9)	¥657,510	(/9)	¥3,753,750
(/0)	¥79,968,210		

(20)

年　賦　償　還　表

期数	期首未済元金	年　賦　金	支　払　利　息	元金償還高
/	480,000	135,366	24,000	111,366
2	368,634	135,366	18,432	116,934
3	251,700	135,366	12,585	122,781
4	128,919	135,366	6,447	128,919
計	———————	541,464	61,464	480,000

第6回　ビジネス計算部門の解式

(/) 4/8～6/3（両端入れ）…57日

$¥51,790,000 \times 0.0337 \times \dfrac{57}{365} = ¥272,557$

〈キー操作〉ラウンドセレクターをCUT，小数点セレクターを0にセット
51,790,000 ✕ ・ 0337 ✕ 57 ÷ 365 ＝

(2) 3.5%，11期の複利年金現価率…9.00155104

$¥850,000 \times 9.00155104 = ¥7,651,318$

〈キー操作〉9.00155104 ✕ 850,000 ＝

(3) 原価を x とする。

$x \times 0.034 = ¥969,000$

$x = ¥28,500,000$

$¥32,200,000 - ¥28,500,000 = ¥3,700,000$

$(¥3,700,000 + ¥969,000) \div ¥32,200,000 = 0.145$

/割4分5厘

〈キー操作〉32,200,000 M+ 969,000 ÷ ・ 034 ＝ MR － GT ＋
969,000 ÷ MR ＝

(4) 4/15～7/12（片落とし）…88日

$¥9,500,000 \times \dfrac{¥99.45}{¥100} = ¥9,447,750$（売買値段）

$¥9,500,000 \times 0.019 \times \dfrac{88}{365} = ¥43,517$（経過利子）

$¥9,447,750 + ¥43,517 = ¥9,491,267$

〈キー操作〉ラウンドセレクターをCUT，小数点セレクターを0にセット
9,500,000 M+ ✕ ・ 9945 ＝ MR ・ 019 ✕ 88 ÷ 365 ＝ GT

(5) 耐用年数15年の定額法償却率…0.067

$¥17,660,000 \times 0.067 = ¥1,183,220$（毎期償却限度額）

$¥1,183,220 \times 6 = ¥7,099,320$（第6期末減価償却累計額）

$¥17,660,000 - ¥7,099,320 = ¥10,560,680$

（第7期首帳簿価額）

〈キー操作〉17,660,000 M+ ✕ ・ 067 ✕ 6 M- MR

(6) $\dfrac{£4,531.80}{20\text{lb}} \times \dfrac{30\text{kg}}{0.4536\text{kg}} \times \dfrac{¥148.30}{£/} = ¥2,222,440$

〈キー操作〉4,531.8 ÷ 20 ✕ 30 ÷ ・ 4536 ✕ 148.3 ＝

(7) $¥25,571,546 - ¥25,550,000 = ¥21,546$（利息）

$¥21,546 \div \left(¥25,550,000 \times 0.00324 \times \dfrac{/}{365}\right) = 95$日（間）

〈キー操作〉25,550,000 ✕ ・ 00324 ÷ 365 M+ 25,571,546 －
25,550,000 ÷ MR ＝

(8) J $¥592 \times 3,000 = ¥1,776,000$（約定代金）

$¥1,776,000 \times 0.00864 + ¥3,327 = ¥18,671$

（手数料）

$¥1,776,000 - ¥18,671 = ¥1,757,329$

K $¥6,073 \times 5,000 = ¥30,365,000$（約定代金）

$¥30,365,000 \times 0.002592 + ¥114,999$

$= ¥193,705$（手数料）

$¥30,365,000 - ¥193,705 = ¥30,171,295$

$¥1,757,329 + ¥30,171,295 = ¥31,928,624$

〈キー操作〉ラウンドセレクターをCUT，小数点セレクターを0にセット
592 ✕ 3,000 M+ ✕ ・ 00864 ＋ 3,327 M- 6,073 ✕ 5,000 M+
✕ ・ 002592 ＋ 114,999 M- MR

(9) 2.5%，6期の複利賦金率…0.18154997

　　¥4,200,000×(0.18154997-0.025)=¥657,510

〈キー操作〉 · 18154997 − · 025 × 4,200,000 =

(10) ¥85,395,954÷(1+0.032)=¥82,740,000

　　　　　　　　　　　　　　　　（売買価額）

　　¥82,740,000×(1-0.0335)=¥79,968,210

〈キー操作〉

　　1 + · 0321 M+ 85,395,954 ÷ MR = 1 − · 0335 × GT =

(11) 2.5%，14期の複利現価率…0.70772720

　　¥92,310,000×0.70772720=¥65,330,300

〈キー操作〉 · 7077272 × 92,310,000 =

(12) 8/25～11/7（片落とし）…74日

　　　9/12～11/7（片落とし）…56日

　　　10/6～11/7（片落とし）…32日

　　¥27,380,000×74=¥2,026,120,000

　　¥41,920,000×56=¥2,347,520,000

　　¥68,570,000×32=¥2,194,240,000

　　　　　　　　　　¥6,567,880,000（積数合計）

　　¥6,567,880,000×0.0217÷365=¥390,473

　　¥27,380,000+¥41,920,000+¥68,570,000

　　　　　　　　　　　　　+¥390,473=¥138,260,473

〈キー操作〉ラウンドセレクターをCUT，小数点セレクターを0にセット

　　27,380,000 M+ × 74 = 41,920,000 M+ × 56 = 68,570,000

　　M+ × 32 = GT × · 0217 ÷ 365 M+ MR

(13) 8/9～10/18（両端入れ）…71日

　　¥56,847,300×0.0524×$\frac{71}{365}$=¥579,437（割引料）

　　¥56,847,390-¥579,437=¥56,267,953

〈キー操作〉ラウンドセレクターをCUT，小数点セレクターを0にセット

　　56,847,390 M+ ▶ ▶ 00 × · 0524 × 71 ÷ 365 M− MR

(14) 3.5%，8期の複利終価率…1.31680904

　　¥72,360,000×1.31680904×$\left(1+0.035×\frac{3}{12}\right)$

　　　　　　　　　　　　　　　　　=¥96,118,040

〈キー操作〉 · 035 × 3 ÷ 12 + 1 M+ 1.31680904 ×

　　72,360,000 × MR =

(15) 予定売価をx，原価をyとする。

　　x×0.08=¥5,400,000

　　　　x=¥67,500,000

　　y×(1+0.035)=¥67,500,000-¥5,400,000

　　　　　　　　y=¥60,000,000

　　¥60,000,000×0.035=¥2,100,000

〈キー操作〉

　　5,400,000 M+ ÷ · 08 − MR = 1.035 × · 035 =

(16) ¥100-¥99.75=¥0.25（償還差益）

　　$\frac{¥100×0.018+\frac{¥0.25}{6}}{¥99.75}$=0.018462823　1.846%

〈キー操作〉

　　100 × · 018 M+ 100 − 99.75 ÷ 6 M+ MR ÷ 99.75 %

(17) 耐用年数9年の定率法償却率…0.222

　　¥67,840,000　　　　　　　　　　（第1期首帳簿価額）

　　¥67,840,000×0.222=¥15,060,480

　　　　　　　（第1期末償却限度額）・（第1期末減価償却累計額）

　　¥67,840,000-¥15,060,480=¥52,779,520

　　　　　　　　　　　　　　　　（第2期首帳簿価額）

　　¥52,779,520×0.222=¥11,717,053　（第2期末償却限度額）

　　¥15,060,480+¥11,717,053=¥26,777,533

　　　　　　　　　　　　　　（第2期末減価償却累計額）

¥52,779,520-¥11,717,053=¥41,062,467

　　　　　　　　　　　　　　（第3期首帳簿価額）

¥41,062,467×0.222=¥9,115,867　　（第3期末償却限度額）

¥26,777,533+¥9,115,867=¥35,893,400

　　　　　　　　　　　　　（第3期末減価償却累計額）

〈キー操作〉ラウンドセレクターをCUT，小数点セレクターを0にセット

67,840,000 M+ × · 222 = M− MR × · 222 = M− MR × · 222

= GT

または，67,840,000 M+ · 222 × × MR M− MR M− MR M− MR −

67,840,000 = ⊯

(18) 6%，7期の複利年金終価率…8.39383765

　　¥730,000×(8.39383765-1)=¥5,397,501

〈キー操作〉8.39383765 − 1 × 730,000 =

(19) (¥3,450,000+¥190,000)×(1+0.25)

　　　　　　　　　　=¥4,550,000（予定売価）

　　¥4,550,000÷2=¥2,275,000

　　¥2,275,000×0.85=¥1,933,750

　　¥2,275,000×0.8=¥1,820,000

　　¥1,933,750+¥1,820,000=¥3,753,750

〈キー操作〉3,450,000 + 190,000 × 1.25 M+ ÷ 2 × · 85

= MR ÷ 2 × · 8 = GT

(20) 5%，4期の複利賦金率…0.28201183

　　¥480,000×0.28201183=¥135,366　　（毎期の年賦金）

　　¥135,366×4=¥541,464　　（年賦金の合計）

　　¥541,464-¥480,000=¥61,464　　（支払利息の合計）

　　¥480,000　　　　　　　　　（第1期首未済元金）

　　¥480,000×0.05=¥24,000　　（第1期末支払利息）

　　¥135,366-¥24,000=¥111,366　（第1期末元金償還高）

　　¥480,000-¥111,366=¥368,634　（第2期首未済元金）

　　¥368,634×0.05=¥18,432　　（第2期末支払利息）

　　¥135,366-¥18,432=¥116,934　（第2期末元金償還高）

　　¥368,634-¥116,934=¥251,700　（第3期首未済元金）

　　¥251,700×0.05=¥12,585　　（第3期末支払利息）

　　¥135,366-¥12,585=¥122,781　（第3期末元金償還高）

　　¥251,700-¥122,781=¥128,919

　　　　　（第4期首未済元金）・（第4期末元金償還高）

　　¥135,366-¥128,919=¥6,447　（第4期末支払利息）

　　¥128,919×0.05=¥6,446なので¥1調整

〈キー操作〉[ ]は電卓の表示窓の数字

ラウンドセレクターを5/4，小数点セレクターを0にセット

480,000 × · 28201183 M+ [135,366]　　（毎期の年賦金）

× 4 = [541,464]　　（年賦金の合計）

− 480,000 = [61,464]　　（支払利息の合計）

480,000 [480,000]　　（第1期首未済元金）

× · 05 = [24,000]　　（第1期末支払利息）

− MR = [−111,366]　（第1期末元金償還高）

+ 480,000 = [368,634]　（第2期首未済元金）

× · 05 = [18,432]　　（第2期末支払利息）

− MR = [−116,934]　（第2期末元金償還高）

+ 368,634 = [251,700]　（第3期首未済元金）

× · 05 = [12,585]　　（第3期末支払利息）

− MR = [−122,781]　（第3期末元金償還高）

+ 251,700 = [128,919]　（第4期首未済元金）・（第4期末元金償還高）

− MR = [−6,447]　　（第4期末支払利息）

第1級　第7回　普通計算部門

(A)乗算問題　　[　　　]　珠算・電卓採点箇所　　●　電卓のみ採点箇所

1	¥664,041,144
2	¥387,495,578
3	¥4,823
4	¥2,419,420,055
5	¥848,165

● ¥1,051,541,545	● 19.13%		30.29%
	11.16%		
	0.00%(0%)		
¥2,420,268,220	● 69.69%	●	69.71%
	0.02%		
● ¥3,471,809,765			

6	€9,561,281.52
7	€26.59
8	€539.71
9	€311,179,767.20
10	€211,509.14

珠算各10点，100点満点

€9,561,847.82	● 2.98%	●	2.98%
	0.00%(0%)		
	0.00%(0%)		
● €311,391,276.34	● 96.95%		97.02%
	0.07%		
● €320,953,124.16	電卓各5点，100点満点		

(B)除算問題

1	¥5,486
2	¥451
3	¥15,037
4	¥3,972
5	¥660,798

¥20,974	0.80%(0.8%)	●	3.06%
	0.07%		
	● 2.19%		
● ¥664,770	0.58%		96.94%
	● 96.36%		
● ¥685,744			

6	£81.75
7	£730.69
8	£941.23
9	£2,092.80
10	£4.24

珠算各10点，100点満点

● £1,753.67	2.12%		45.54%
	● 18.98%		
	24.44%		
£2,097.04	● 54.35%	●	54.46%
	0.11%		
● £3,850.71	電卓各5点，100点満点		

(C)見取算問題

No.	1	2	3	4	5
計	¥1,106,697	¥21,084,789,440	¥4,066,306	¥1,050,599,141	¥84,750,330
小計	¥21,089,962,443			● ¥1,135,349,471	
合計	● ¥22,225,311,914				
答え比率	0.00%(0%)	● 94.87%	0.02%	4.73%	● 0.38%
小計比率	● 94.89%			5.11%	

No.	6	7	8	9	10
計	$34,551,868.39	$9,113,903.57	$217,427,818.98	$136,809,025.57	$-290,069.19
小計	● $261,093,590.94			$136,518,956.38	
合計	● $397,612,547.32				
答え比率	8.69%	2.29%	● 54.68%	● 34.41%	-0.07%
小計比率	65.67%			● 34.33%	

珠算各10点，100点満点　　電卓各5点，100点満点

(1)	¥75,889,641	(11)	¥13,763,745
(2)	¥85,817,356	(12)	¥9,049,883
(3)	¥54,000,000	(13)	¥12,335,995
(4)	¥4,264,400	(14)	2.223%
(5)	¥6,329,675	(15)	¥60,889,189
(6)	¥1,222,120	(16)	¥7,017,027
(7)	¥363,692	(17)	2割3分5厘
(8)	¥51,721,100	(18)	¥465,093
(9)	3.48%	(19)	¥7,478,800
(10)	¥96,827,780		

(20)

積 立 金 表

期数	積 立 金	積 立 金 利 息	積 立 金 増 加 高	積 立 金 合 計 高
1	65,225	0	65,225	65,225
2	65,225	1,957	67,182	132,407
3	65,225	3,972	69,197	201,604
4	65,225	6,048	71,273	272,877

第7回　ビジネス計算部門の解式

(1) 1/12～4/5（平年，両端入れ）…84日

$¥76,350,000 \times 0.0262 \times \dfrac{84}{365} = ¥460,359$ （割引料）

$¥76,350,000 - ¥460,359 = ¥75,889,641$

〈キー操作〉ラウンドセレクターをCUT，小数点セレクターを0にセット

76,350,000 M+ ✕ 0262 ✕ 84 ÷ 365 M- MR

(2) 2.5%，12期の複利終価率…1.34488882

$¥63,810,000 \times 1.34488882 = ¥85,817,356$

〈キー操作〉63,810,000 ✕ 1.34488882 =

(3) 予定売価を x，原価を y とする。

$x \times 0.2 = ¥16,875,000$

$x = ¥84,375,000$

$y \times (1 + 0.25) = ¥84,375,000 \times (1 - 0.2)$

$y = ¥54,000,000$

〈キー操作〉

1 － · 2 M+ 16,875,000 ÷ · 2 = ✕ MR ÷ 1.25 =

(4) 耐用年数29年の定額法償却率…0.035

$¥30,460,000 \times 0.035 = ¥1,066,100$ （毎期償却限度額）

$¥1,066,100 \times 4 = ¥4,264,400$

〈キー操作〉30,460,000 ✕ · 035 ✕ 4 =

(5) 6%，10期の複利年金現価率…7.36008705

$¥860,000 \times 7.36008705 = ¥6,329,675$

〈キー操作〉7.36008705 ✕ 860,000 =

(6) $¥118.30 \times \dfrac{\$624,800}{\$1} = ¥73,913,840$

$¥73,913,840 \times \dfrac{150\text{kg}}{907.2\text{kg}} \div 10 = ¥1,222,120$

〈キー操作〉118.3 ✕ 624,800 ✕ 150 ÷ 907.2 ÷ 10 =

(7) 3.5%，8期の複利賦金率…0.14547665

$¥2,500,000 \times 0.14547665 = ¥363,692$

〈キー操作〉· 14547665 ✕ 2,500,000 =

(8) 2%，6期の複利現価率…0.88797138

$¥59,120,000 \times 0.88797138 \div \left(1 + 0.02 \times \dfrac{9}{12}\right)$

$= ¥51,721,100$

〈キー操作〉· 02 ✕ 9 ÷ 12 ＋ 1 M+ · 88797138 ✕

59,120,000 ÷ MR =

(9) 10/5～12/10（片落とし）…66日

$¥47,748,584 - ¥47,450,000 = ¥298,584$ （利息）

$¥298,584 \div \left(¥47,450,000 \times \dfrac{66}{365}\right) = 0.0348$　3.48%

〈キー操作〉47,450,000 ✕ 66 ÷ 365 M+ 47,748,584 －

47,450,000 ÷ MR %

(10) $¥90,196,380 \div (1 - 0.0343) = ¥93,400,000$

（売買価額）

$¥93,400,000 \times (1 + 0.0367) = ¥96,827,780$

〈キー操作〉1 － · 0343 M+ 90,196,380 ÷ MR ✕ 1.0367 =

(//) G　¥6/2×7,000＝¥4,284,000（約定代金）

¥4,284,000×0.00756＋¥8,640＝¥41,027
　　　　　　　　　　　　　　　　　（手数料）

¥4,284,000＋¥41,027＝¥4,325,027

H　¥2,341×4,000＝¥9,364,000（約定代金）

¥9,364,000×0.00648＋¥14,040＝¥74,7/8
　　　　　　　　　　　　　　　　　（手数料）

¥9,364,000＋¥74,7/8＝¥9,438,7/8

¥4,325,027＋¥9,438,7/8＝¥/3,763,745

〈キー操作〉ラウンドセレクターをCUT，小数点セレクターを0にセット
612 ⊠ 7,000 M+ ⊠ ・ 00756 ＋ 8,640 M+ 2,341 ⊠ 4,000 M+
⊠ ・ 00648 ＋ 14,040 M+ MR

(/2) 2.5％，13期の複利年金終価率…/5./4044/79

¥640,000×(15.14044179－/)＝¥9,049,883

〈キー操作〉15.14044179 － 1 ⊠ 640,000 ＝

(/3) 耐用年数18年の定率法償却率…0.///

¥/9,750,000　　　　　　　　　　　　　　　　（第1期首帳簿価額）

¥/9,750,000×0.111＝¥2,/92,250　　　　　　（第1期末償却限度額）

¥/9,750,000－¥2,/92,250＝¥/7,557,750（第2期首帳簿価額）

¥/7,557,750×0.111＝¥/,948,9/0　　　　　　（第2期末償却限度額）

¥/7,557,750－¥/,948,9/0＝¥/5,608,840（第3期首帳簿価額）

¥/5,608,840×0.111＝¥/,732,58/　　　　　　（第3期末償却限度額）

¥/5,608,840－¥/,732,58/＝¥/3,876,259（第4期首帳簿価額）

¥/3,876,259×0.111＝¥/,540,264　　　　　　（第4期末償却限度額）

¥/3,876,259－¥/,540,264＝¥/2,335,995（第5期首帳簿価額）

〈キー操作〉ラウンドセレクターをCUT，小数点セレクターを0にセット
19,750,000 M+ ⊠ ・ 111 ＝ M- MR ⊠ ・ 111 ＝ M- MR ⊠ ・ 111
＝ M- MR ⊠ ・ 111 ＝ M- MR
または，19,750,000 M+ ・ 111 ⊠ ⊠ MR M- MR M- MR M- MR M- MR

(/4) ¥100－¥99.25＝¥0.75（償還差益）

$$\dfrac{¥100×0.02/ +\dfrac{¥0.75}{7}}{¥99.25}=0.0222382/ \quad \underline{2.223\%}$$

〈キー操作〉
100 ⊠ ・ 021 M+ 100 － 99.25 ÷ 7 M+ MR ÷ 99.25 %

(/5) 8/9～10/15（両端入れ）…68日

$$¥6/,423,500×0.0467×\dfrac{68}{365}=¥534,40/ \text{（割引料）}$$

¥6/,423,590－¥534,40/＝¥60,889,/89

〈キー操作〉ラウンドセレクターをCUT，小数点セレクターを0にセット
61,423,590 M+ ▶ ▶ 00 ⊠ ・ 0467 ⊠ 68 ÷ 365 M- MR

(/6) 3/20～6/7（片落とし）…79日

$$¥7,100,000×\dfrac{¥98.55}{¥100}=¥6,997,050 \text{（売買値段）}$$

$$¥7,100,000×0.0/3×\dfrac{79}{365}=¥/9,977 \text{（経過利子）}$$

¥6,997,050＋¥/9,977＝¥7,0/7,027

〈キー操作〉ラウンドセレクターをCUT，小数点セレクターを0にセット
7,100,000 M+ ⊠ ・ 9855 ＝ MR ⊠ ・ 013 ⊠ 79 ÷ 365 ＝ GT

(/7) 原価を x とする。

$x×0.45＝¥/,08/,000＋¥989,000$

$0.45x＝¥2,070,000$

$x＝¥4,600,000$

¥/,08/,000÷¥4,600,000＝0.235　　2割3分5厘

〈キー操作〉1,081,000 M+ ＋ 989,000 ÷ ・ 45 ÷ ÷ MR ＝

(/8) 5/30～9/15（片落とし）…108日
　　6/13～9/15（片落とし）… 94日
　　7/ 5～9/15（片落とし）… 72日

¥24,850,000×/08＝¥2,683,800,000

¥37,/60,000× 94＝¥3,493,040,000

¥5/,290,000× 72＝¥3,692,880,000
　　　　　　　　　¥9,869,720,000（積数合計）

¥9,869,720,000×0.0/72÷365＝¥465,093

〈キー操作〉ラウンドセレクターをCUT，小数点セレクターを0にセット
24,850,000 ⊠ 108 ＝ 37,160,000 ⊠ 94 ＝ 51,290,000 ⊠
72 ＝ GT ⊠ ・ 0172 ÷ 365 ＝

(/9) ¥8,/50×700台×(/＋0.36)＝¥7,758,800

¥7,758,800÷2＝¥3,879,400

¥3,879,400－(¥800×350台)＝¥3,599,400

¥3,879,400＋¥3,599,400＝¥7,478,800

〈キー操作〉8,150 ⊠ 700 ⊠ 1.36 ÷ 2 M+ 800 ⊠ 700 ÷
2 M- MR GT

(20) 3％，8期の複利賦金率…0./4245639

¥580,000×(0.14245639－0.03)＝¥65,225
　　（毎期積立金）・（第1期末積立金増加高）・（第1期末積立金合計高）

¥65,225×0.03＝¥/,957　　　　　　　（第2期末積立金利息）

¥/,957＋¥65,225＝¥67,/82　　　　　（第2期末積立金増加高）

¥67,/82＋¥65,225＝¥/32,407　　　　（第2期末積立金合計高）

¥/32,407×0.03＝¥3,972　　　　　　　（第3期末積立金利息）

¥3,972＋¥65,225＝¥69,/97　　　　　（第3期末積立金増加高）

¥69,/97＋¥/32,407＝¥20/,604　　　（第3期末積立金合計高）

¥20/,604×0.03＝¥6,048　　　　　　　（第4期末積立金利息）

¥6,048＋¥65,225＝¥7/,273　　　　　（第4期末積立金増加高）

¥7/,273＋¥20/,604＝¥272,877　　　（第4期末積立金合計高）

〈キー操作〉［ ］は電卓の表示窓の数字
ラウンドセレクターを5/4，小数点セレクターを0にセット
・ 14245639 － ・ 03 ⊠ 580,000 M+ ［65,225］
　　（毎期積立金）・（第1期末積立金増加高）・（第1期末積立金合計高）
⊠ ・ 03 ＝ ［1,957］　　　　　　　　　（第2期末積立金利息）
＋ MR ＝ ［67,182］　　　　　　　　　（第2期末積立金増加高）
＋ MR ＝ ［132,407］　　　　　　　　（第2期末積立金合計高）
⊠ ・ 03 ＝ ［3,972］　　　　　　　　　（第3期末積立金利息）
＋ MR ＝ ［69,197］　　　　　　　　　（第3期末積立金増加高）
＋ 132,407 ＝ ［201,604］　　　　　　（第3期末積立金合計高）
⊠ ・ 03 ＝ ［6,048］　　　　　　　　　（第4期末積立金利息）
＋ MR ＝ ［71,273］　　　　　　　　　（第4期末積立金増加高）
＋ 201,604 ＝ ［272,877］　　　　　　（第4期末積立金合計高）

第1級　第8回　普通計算部門

(A)乗算問題　[　　　] 珠算・電卓採点箇所　● 電卓のみ採点箇所

1	¥221,874,918
2	¥5,317,894,892
3	¥12,207
4	¥460,462
5	¥2,881,439,034

¥5,539,782,017		2.63%	●	65.78%
	●	63.15%		
		0.00%(0)		
● ¥2,881,899,496		0.01%		34.22%
	●	34.21%		
● ¥8,421,681,513				

珠算各10点，100点満点

6	£1,070,581.75
7	£44,706,600.90
8	£98.80
9	£282,466.22
10	£32,888,801.88

● £45,777,281.45		1.36%		57.98%
	●	56.63%		
		0.00%(0)		
£33,171,268.10		0.36%	●	42.02%
	●	41.66%		
● £78,948,549.55				

珠算各10点，100点満点　　電卓各5点，100点満点

(B)除算問題

1	¥2,109
2	¥7,562
3	¥37,450
4	¥982,733
5	¥896

● ¥47,121		0.20%(0.2%)		4.57%
		0.73%		
	●	3.63%		
¥983,629	●	95.34%	●	95.43%
		0.09%		
● ¥1,030,750				

6	$40.25
7	$586.04
8	$1,949.31
9	$63.48
10	$80.17

$2,575.60		1.48%	●	94.72%
	●	21.55%		
		71.69%		
● $143.65		2.33%		5.28%
	●	2.95%		
● $2,719.25				

珠算各10点，100点満点　　電卓各5点，100点満点

(C)見取算問題

No.	1	2	3	4	5
計	¥2,095,354,838	¥84,412,411	¥58,096,682,630	¥6,537,970	¥15,137,359

小計	¥60,276,449,879			● ¥21,675,329	
合計	● ¥60,298,125,208				

答え比率	3.47%	0.14%	● 96.35%	0.01%	● 0.03%
小計比率	● 99.96%			0.04%	

No.	6	7	8	9	10
計	€2,753,289.58	€233,040,324.93	€-3,397,431.89	€570,327,102.75	€3,465,035.32

小計	● €232,396,182.62			€573,792,138.07	
合計	● €806,188,320.69				

答え比率	0.34%	● 28.91%	-0.42%	● 70.74%	0.43%
小計比率	28.83%			● 71.17%	

珠算各10点，100点満点　　電卓各5点，100点満点

(1)	¥78,816,767	(11)	1割2分4厘
(2)	¥65,099,700	(12)	¥6,691,491
(3)	¥46,380,000	(13)	¥97,898,652
(4)	¥68,450,000	(14)	¥8,129,775
(5)	¥18,085,370	(15)	¥6,243,464
(6)	¥333,928	(16)	¥57,932,865
(7)	¥2,470,794	(17)	¥283,112
(8)	D:¥411　E:¥288　F:¥3,190	(18)	3.28%
(9)	¥88,677,338	(19)	¥65,451,960
(10)	¥4,890,785		

(20)

減 価 償 却 計 算 表

期数	期首帳簿価額	償却限度額	減価償却累計額
1	83,540,000	20,885,000	20,885,000
2	62,655,000	15,663,750	36,548,750
3	46,991,250	11,747,812	48,296,562
4	35,243,438	8,810,859	57,107,421

第8回　ビジネス計算部門の解式

(1) 8/1〜11/5（両端入れ）…97日

$¥79,480,000×0.0314×\dfrac{97}{365}=¥663,233$ （割引料）

$¥79,480,000-¥663,233=¥78,816,767$

〈キー操作〉ラウンドセレクターをCUT，小数点セレクターを0にセット
79,480,000 M+ × . 0314 × 97 ÷ 365 M- MR

(2) 3.5%，12期の複利現価率…0.66178330

$¥98,370,000×0.66178330=¥65,099,700$

〈キー操作〉. 6617833 × 98,370,000 =

(3) 7/16〜12/9（片落とし）…146日

$¥46,797,420÷\left(1+0.0225×\dfrac{146}{365}\right)=¥46,380,000$

〈キー操作〉
. 0225 × 146 ÷ 365 + 1 M+ 46,797,420 ÷ MR =

(4) 原価を x とする。

$x×(1+0.2)×(1-0.14)=x+¥2,779,070$
$1.0406x=x+¥2,779,070$
$0.0406x=¥2,779,070$
$x=¥68,450,000$

〈キー操作〉1 − . 14 × 1.21 − 1 M+ 2,779,070 ÷ MR =

(5) 耐用年数16年の定額法償却率…0.063

$¥58,910,000×0.063=¥3,711,330$ （毎期償却限度額）

$¥3,711,330×11=¥40,824,630$ （第11期末減価償却累計額）

$¥58,910,000-¥40,824,630=¥18,085,370$
（第12期首帳簿価額）

〈キー操作〉58,910,000 M+ × . 063 × 11 M- MR

(6) 3%，9期の複利賦金率…0.12843386

$¥2,600,000×0.12843386=¥333,928$

〈キー操作〉ラウンドセレクターを5/4，小数点セレクターを0にセット
. 12843386 × 2,600,000 =

(7) $\dfrac{\$31,749.50}{100\text{yd}}×\dfrac{60\text{m}}{0.9144\text{m}}×\dfrac{¥118.60}{\$1}=¥2,470,794$

〈キー操作〉31,749.5 ÷ 100 × 60 ÷ . 9144 × 118.6 =

(8) D銘柄の指値…¥3.70÷0.009=411.11　　¥411
　　E銘柄の指値…¥5.20÷0.018=288.88　　¥288
　　F銘柄の指値…¥83.00÷0.026=3,192.30　¥3,190

〈キー操作〉D…3.7 ÷ . 009 =　　E…5.2 ÷ . 018 =
F…83 ÷ . 026 =

(9) 11/29〜翌3/3（平年，片落とし）…94日
　　12/18〜翌3/3（平年，片落とし）…75日
　　1/10〜3/3　　（平年，片落とし）…52日

$¥25,180,000×94=¥2,366,920,000$
$¥43,760,000×75=¥3,282,000,000$
$¥19,240,000×52=¥1,000,480,000$
　　　　　　　　$¥6,649,400,000$ （積数合計）

$¥6,649,400,000×0.0273÷365=¥497,338$
$¥25,180,000+¥43,760,000+¥19,240,000$
　　　　　　$+¥497,338=¥88,677,338$

〈キー操作〉ラウンドセレクターをCUT，小数点セレクターを0にセット
25,180,000 M+ × 94 = 43,760,000 M+ × 75 = 19,240,000
M+ × 52 = GT × . 0273 ÷ 365 M+ MR

(10) 3％，8期の複利年金終価率…8.89233605
$¥550,000×8.89233605=¥4,890,785$

〈キー操作〉8.89233605 ⊠ 550,000 ▣

(11) 予定売価をxとする。
$x=(¥16,850,000+¥2,150,000)×(1+0.24)$
$x=¥23,560,000$
$1-(¥20,638,560÷¥23,560,000)=0.124$　　／割2分4厘

〈キー操作〉1 M+ 16,850,000 ⊞ 2,150,000 ⊠ 1.24 ▣
20,638,560 ÷ GT M- MR

(12) 5/10〜8/1（片落とし）…83日

$¥6,700,000×\dfrac{¥99.35}{¥100}=¥6,656,450$（売買値段）

$¥6,700,000×0.023×\dfrac{83}{365}=¥35,041$（経過利子）

$¥6,656,450+¥35,041=¥6,691,491$

〈キー操作〉ラウンドセレクターをCUT，小数点セレクターを0にセット
6,700,000 M+ ⊠ • 9935 ▣ MR ⊠ • 023 ⊠ 83 ÷ 365 ▣ GT

(13) 3％，8期の複利終価率…1.26677008

$¥76,140,000×1.26677008×\left(1+0.03×\dfrac{3}{6}\right)$
$=¥97,898,652$

〈キー操作〉• 03 ⊠ 3 ÷ 6 ⊞ 1 M+ 1.26677008 ⊠
76,140,000 ⊠ MR ▣

(14) J　$¥1,610×2,300=¥3,703,000$（約定代金）
$¥3,703,000×0.006885+¥5,508=¥31,003$
（手数料）
$¥3,703,000−¥31,003=¥3,671,997$

K　$¥749×6,000=¥4,494,000$（約定代金）
$¥4,494,000×0.006426+¥7,344=¥36,222$
（手数料）
$¥4,494,000−¥36,222=¥4,457,778$
$¥3,671,997+¥4,457,778=¥8,129,775$

〈キー操作〉ラウンドセレクターをCUT，小数点セレクターを0にセット
1,610 ⊠ 2,300 M+ ⊠ • 006885 ⊞ 5,508 M- 749 ⊠ 6,000
M+ ⊠ • 006426 ⊞ 7,344 M- MR

(15) 5％，7期の複利年金現価率…5.78637340
$¥920,000×(5.78637340+1)=¥6,243,464$

〈キー操作〉5.7863734 ⊞ 1 ⊠ 920,000 ▣

(16) 5/22〜7/5（両端入れ）…45日

$¥58,243,790×0.0433×\dfrac{45}{365}=¥310,925$（割引料）

$¥58,243,790−¥310,925=¥57,932,865$

〈キー操作〉ラウンドセレクターをCUT，小数点セレクターを0にセット
58,243,790 M+ ▶ ▶ 00 ⊠ • 0433 ⊠ 45 ÷ 365 M- MR

(17) 2％，10期の複利賦金率…0.11132653
$¥3,100,000×(0.11132653−0.02)=¥283,112$

〈キー操作〉• 11132653 ⊟ • 02 ⊠ 3,100,000 ▣

(18) $¥64,491,248÷(1+0.03/2)=¥62,540,000$
（売買価額）

$¥2,051,312÷¥62,540,000=0.0328$　　3.28％

〈キー操作〉64,491,248 ÷ 1.0312 M+ 2,051,312 ÷ MR ％

(19) $¥95,000×\dfrac{2,600箱}{5箱}+¥742,000=¥50,142,000$

（諸掛込原価）
$¥50,142,000×(1+0.38)=¥69,195,960$（予定売価）
$¥4,800×(2,600箱−1,820箱)=¥3,744,000$
$¥69,195,960−¥3,744,000=¥65,451,960$

〈キー操作〉95,000 ⊠ 2,600 ÷ 5 ⊞ 742,000 ⊠ 1.38 M+
2,600 ⊟ 1,820 ⊠ 4,800 M- MR

(20) 耐用年数8年の定率法償却率…0.250
$¥83,540,000$ （第1期首帳簿価額）
$¥83,540,000×0.250=¥20,885,000$
（第1期末償却限度額）・（第1期末減価償却累計額）
$¥83,540,000−¥20,885,000=¥62,655,000$
（第2期首帳簿価額）
$¥62,655,000×0.250=¥15,663,750$（第2期末償却限度額）
$¥20,885,000+¥15,663,750=¥36,548,750$
（第2期末減価償却累計額）
$¥62,655,000−¥15,663,750=¥46,991,250$
（第3期首帳簿価額）
$¥46,991,250×0.250=¥11,747,812$（第3期末償却限度額）
$¥36,548,750+¥11,747,812=¥48,296,562$
（第3期末減価償却累計額）
$¥46,991,250−¥11,747,812=¥35,243,438$
（第4期首帳簿価額）
$¥35,243,438×0.250=¥8,810,859$（第4期末償却限度額）
$¥48,296,562+¥8,810,859=¥57,107,421$
（第4期末減価償却累計額）

〈キー操作〉［　］は電卓の表示窓の数字
ラウンドセレクターをCUT，小数点セレクターを0にセット
83,540,000 M+ ［83,540,000］　　（第1期首帳簿価額）
⊠ • 25 ▣ M- ［20,885,000］
（第1期末償却限度額）・（第1期末減価償却累計額）
MR ［62,655,000］　　（第2期首帳簿価額）
⊠ • 25 M- ［15,663,750］　　（第2期末償却限度額）
GT ［36,548,750］　　（第2期末減価償却累計額）
MR ［46,991,250］　　（第3期首帳簿価額）
⊠ • 25 ▣ M- ［11,747,812］　　（第3期末償却限度額）
GT ［48,296,562］　　（第3期末減価償却累計額）
MR ［35,243,438］　　（第4期首帳簿価額）
⊠ • 25 ▣ M- ［8,810,859］　　（第4期末償却限度額）
GT ［57,107,421］　　（第4期末減価償却累計額）

第1級　第9回　普通計算部門

(A)乗算問題　　　□ 珠算・電卓採点箇所　　● 電卓のみ採点箇所

1	¥859,876,388
2	¥621,209
3	¥405,610,405
4	¥21,308
5	¥3,503,931,840

● ¥1,266,108,002	● 18.03%		26.54%
	0.01%		
	8.50%(8.5%)		
¥3,503,953,148	0.00%(0%)	●	73.46%
	● 73.46%		
● ¥4,770,061,150			

6	$2,312,819.60
7	$3,647,087.87
8	$98,591.37
9	$5,449.91
10	$7,458,139.41

$6,058,498.84	17.10%(17.1%)	●	44.80% (44.8%)
	● 26.97%		
	0.73%		
● $7,463,589.32	0.04%		55.20% (55.2%)
	● 55.16%		
● $13,522,088.16			

珠算各10点，100点満点　　電卓各5点，100点満点

(B)除算問題

1	¥7,135
2	¥4,428
3	¥65,709
4	¥397
5	¥980,683

¥77,272	0.67%	●	7.30% (7.3%)
	0.42%		
	● 6.21%		
● ¥981,080	0.04%		92.70% (92.7%)
	● 92.66%		
● ¥1,058,352			

6	€272.40
7	€8.52
8	€15.91
9	€730.16
10	€5,089.64

● €296.83	● 4.45%		4.85%
	0.14%		
	0.26%		
€5,819.80	11.94%	●	95.15%
	● 83.21%		
● €6,116.63			

珠算各10点，100点満点　　電卓各5点，100点満点

(C)見取算問題

No.	1	2	3	4	5
計	¥8,262,346	¥703,641,706	¥12,434,563,570	¥1,116,589,661	¥6,085,123

小計	● ¥13,146,467,622			¥1,122,674,784	
合計	● ¥14,269,142,406				
答え比率	0.06%	4.93%	● 87.14%	● 7.83%	0.04%
小計比率	92.13%			● 7.87%	

No.	6	7	8	9	10
計	£31,233,851.95	£20,656,537.00 (£20,656,537)	£121,652,138.41	£560,373,522.65	£-21,350,706.30

小計	£173,542,527.36			● £539,022,816.35	
合計	● £712,565,343.71				
答え比率	● 4.38%	2.90%(2.9%)	17.07%	● 78.64%	-3.00%(-3%)
小計比率	● 24.35%			75.65%	

珠算各10点，100点満点　　電卓各5点，100点満点

第1級　第9回　ビジネス計算部門　　［5点×20］

(1)	¥175,526	(11)	¥552,780
(2)	¥25,637,068	(12)	¥2,935,572
(3)	¥8,820,000	(13)	¥73,321,838
(4)	¥4,474,124	(14)	¥9,131
(5)	¥8,306,967	(15)	¥60,343,700
(6)	¥38,593,080	(16)	¥37,818,325
(7)	12%	(17)	1.708%
(8)	¥91,802,468	(18)	¥68,750,000
(9)	¥721,144	(19)	¥4,025,600
(10)	¥28,707,493		

(20)

年 賦 償 還 表

期数	期首未済元金	年 賦 金	支 払 利 息	元金償還高
1	7,200,000	1,373,486	288,000	1,085,486
2	6,114,514	1,373,486	244,581	1,128,905
3	4,985,609	1,373,486	199,424	1,174,062
4	3,811,547	1,373,486	152,462	1,221,024

第9回　ビジネス計算部門の解式

(1) 1/13～3/25（平年，両端入れ）…72日

$$¥21,390,000 \times 0.0416 \times \frac{72}{365} = ¥175,526$$

〈キー操作〉ラウンドセレクターをCUT，小数点セレクターを0にセット
21,390,000 ✕ ・ 0416 ✕ 72 ÷ 365 ＝

(2) 3.5%，11期の複利終価率…1.45996972

$¥17,560,000 \times 1.45996972 = ¥25,637,068$

〈キー操作〉ラウンドセレクターを5/4，小数点セレクターを0にセット
17,560,000 ✕ 1.45996972 ＝

(3) 予定売価を x とする。

$x \times (1-0.14) = ¥6,020,000 \times (1+0.26)$
$0.86x = ¥7,585,200$
$x = ¥8,820,000$

〈キー操作〉1 － ・ 14 M+ 6,020,000 ✕ 1.26 ÷ MR ＝

(4) 3.5%，12期の複利年金現価率…9.66333433

$¥463,000 \times 9.66333433 = ¥4,474,124$

〈キー操作〉463,000 ✕ 9.66333433 ＝

(5) 6/20～9/13（片落とし）…85日

$$¥8,400,000 \times \frac{¥98.45}{¥100} = ¥8,269,800 \quad（売買値段）$$

$$¥8,400,000 \times 0.019 \times \frac{85}{365} = ¥37,167 \quad（経過利子）$$

$¥8,269,800 + ¥37,167 = ¥8,306,967$

〈キー操作〉ラウンドセレクターをCUT，小数点セレクターを0にセット
8,400,000 M+ ✕ ・ 9845 ＝ MR ✕ ・ 019 ✕ 85 ÷ 365 ＝ GT

(6) 耐用年数17年の定額法償却率…0.059

$¥72,680,000 \times 0.059 = ¥4,288,120$ （毎期償却限度額）
$¥4,288,120 \times 9 = ¥38,593,080$ （第9期末減価償却累計額）

〈キー操作〉72,680,000 ✕ ・ 059 ✕ 9 ＝

(7) $¥5,130,000 + ¥320,000 = ¥5,450,000$ （諸掛込原価）
$¥5,450,000 \times (1+0.34) = ¥7,303,000$ （予定売価）
$¥7,303,000 - ¥6,426,640 = ¥876,360$ （値引額）
$¥876,360 ÷ ¥7,303,000 = 0.12$　　12%

〈キー操作〉
5,130,000 ＋ 320,000 ✕ 1.34 M+ － 6,426,640 ＝ ÷ MR %

(8) 8/23～11/20（片落とし）…89日
　　9/ 7～11/20（片落とし）…74日
　　10/15～11/20（片落とし）…36日

$¥45,390,000 \times 89 = ¥4,039,710,000$
$¥28,690,000 \times 74 = ¥2,123,060,000$
$¥17,230,000 \times 36 = ¥620,280,000$
$¥6,783,050,000$ （積数合計）
$¥6,783,050,000 \times 0.0265 ÷ 365 = ¥492,468$
$¥45,390,000 + ¥28,690,000 + ¥17,230,000 + ¥492,468$
$ = ¥91,802,468$

〈キー操作〉ラウンドセレクターをCUT，小数点セレクターを0にセット
45,390,000 M+ ✕ 89 ＝ 28,690,000 ✕ 74 ＝ 17,230,000
M+ ✕ 36 ＝ GT ✕ ・ 0265 ÷ 365 M+ MR

(9) 2.5%，8期の複利賦金率…0.13946735

$¥6,300,000 \times (0.13946735 - 0.025) = ¥721,144$

〈キー操作〉・ 13946735 － ・ 025 ✕ 6,300,000 ＝

（10） G　$¥472 × 8,000 = ¥3,776,000$（約定代金）

　　　$¥3,776,000 × 0.00924 + ¥2,835 = ¥37,725$

（手数料）

　　　$¥3,776,000 + ¥37,725 = ¥3,813,725$

　　H　$¥8,239 × 3,000 = ¥24,717,000$（約定代金）

　　　$¥24,717,000 × 0.003315 + ¥98,910 = ¥176,768$

（手数料）

　　　$¥24,717,000 + ¥176,768 = ¥24,893,768$

　　　$¥3,813,725 + ¥24,893,768 = ¥28,707,493$

〈キー操作〉ラウンドセレクターをCUT，小数点セレクターを0にセット

472 ⊠ 8,000 M+ ⊠ ･ 00924 ＋ 2,835 M+ 8,239 ⊠ 3,000 M+

⊠ ･ 00315 ＋ 98,910 M+ MR

（11）　$¥12,731,370 ÷ (1 + 0.0226) = ¥12,450,000$

（売買価額）

　　　$¥12,450,000 × (0.0218 + 0.0226) = ¥552,780$

〈キー操作〉

12,731,370 ÷ 1.0226 M+ ･ 0218 ＋ ･ 0226 ⊠ MR ＝

（12）　6％，10期の複利年金終価率…13.18079494

　　　$¥241,000 × (13.18079494 - 1) = ¥2,935,572$

〈キー操作〉13.18079494 － 1 ⊠ 241,000 ＝

（13）　7/5～9/30（両端入れ）…88日

　　　$¥73,816,500 × 0.0278 × \frac{88}{365} = ¥494,752$（割引料）

　　　$¥73,816,590 - ¥494,752 = ¥73,321,838$

〈キー操作〉ラウンドセレクターをCUT，小数点セレクターを0にセット

73,816,590 M+ ▶ ▶ 00 ⊠ ･ 0278 ⊠ 88 ÷ 365 M- MR

（14）　$\frac{\$62,300}{10\text{米トン}} × \frac{12\text{kg}}{907.2\text{kg}} × \frac{¥110.80}{\$/} = ¥9,131$

〈キー操作〉

62,300 ÷ 10 ⊠ 12 ÷ 907.2 ⊠ 110.8 ＝

（15）　2.5％，12期の複利現価率…0.74355589

　　　$¥82,170,000 × 0.74355589 ÷ \left(1 + 0.025 × \frac{3}{6}\right)$

　　　$= ¥60,343,700$

〈キー操作〉･ 025 ⊠ 3 ÷ 6 ＋ 1 M+ ･ 74355589 ⊠

82,170,000 ÷ MR ＝

（16）耐用年数19年の定率法償却率…0.105

　　　$¥58,940,000$（第1期首帳簿価額）

　　　$¥58,940,000 × 0.105 = ¥6,188,700$（第1期末償却限度額）

　　　$¥58,940,000 - ¥6,188,700 = ¥52,751,300$

（第2期首帳簿価額）

　　　$¥52,751,300 × 0.105 = ¥5,538,886$（第2期末償却限度額）

　　　$¥52,751,300 - ¥5,538,886 = ¥47,212,414$

（第3期首帳簿価額）

　　　$¥47,212,414 × 0.105 = ¥4,957,303$（第3期末償却限度額）

　　　$¥47,212,414 - ¥4,957,303 = ¥42,255,111$

（第4期首帳簿価額）

　　　$¥42,255,111 × 0.105 = ¥4,436,786$（第4期末償却限度額）

　　　$¥42,255,111 - ¥4,436,786 = ¥37,818,325$

（第5期首帳簿価額）

〈キー操作〉ラウンドセレクターをCUT，小数点セレクターを0にセット

58,940,000 M+ ⊠ ･ 105 ＝ M- MR ⊠ ･ 105 ＝ M- MR ⊠ ･ 105

＝ M- MR ⊠ ･ 105 ＝ M- MR

または，58,940,000 M+ ･ 105 ⊠ ⊠ MR M- MR M- MR M- MR M- MR

（17）　$¥100 - ¥99.15 = ¥0.85$（償還差益）

　　　$\dfrac{¥100 × 0.016 + \dfrac{0.85}{9}}{¥99.15} = 0.01708970$　　1.708％

〈キー操作〉

100 ⊠ ･ 016 M+ 100 － 99.15 ÷ 9 M+ MR ÷ 99.15 ％

（18）　3/15～5/21（片落とし）…67日

　　　$¥69,118,500 ÷ \left(1 + 0.0292 × \frac{67}{365}\right) = ¥68,750,000$

〈キー操作〉

･ 0292 ⊠ 67 ÷ 365 ＋ 1 M+ 69,118,500 ÷ MR ＝

（19）　$¥3,400,000 × (1 + 0.28) × \frac{1}{2} = ¥2,176,000$

　　　$¥3,400,000 × (1 + 0.28) × \frac{1}{2} × (1 - 0.15) = ¥1,849,600$

　　　$¥2,176,000 + ¥1,849,600 = ¥4,025,600$

〈キー操作〉

3,400,000 ⊠ 1.28 ÷ 2 ＝ M+ 1 － ･ 15 ⊠ MR ＝ GT

（20）　4％，6期の複利賦金率…0.19076190

　　　$¥7,200,000 × 0.19076190 = ¥1,373,486$（毎期の年賦金）

　　　$¥7,200,000 × 0.04 = ¥288,000$　　　　（第1期末支払利息）

　　　$¥1,373,486 - ¥288,000 = ¥1,085,486$（第1期末元金償還高）

　　　$¥7,200,000 - ¥1,085,486 = ¥6,114,514$（第2期首未済元金）

　　　$¥6,114,514 × 0.04 = ¥244,581$　　　　（第2期末支払利息）

　　　$¥1,373,486 - ¥244,581 = ¥1,128,905$（第2期末元金償還高）

　　　$¥6,114,514 - ¥1,128,905 = ¥4,985,609$（第3期首未済元金）

　　　$¥4,985,609 × 0.04 = ¥199,424$　　　　（第3期末支払利息）

　　　$¥1,373,486 - ¥199,424 = ¥1,174,062$（第3期末元金償還高）

　　　$¥4,985,609 - ¥1,174,062 = ¥3,811,547$（第4期首未済元金）

　　　$¥3,811,547 × 0.04 = ¥152,462$　　　　（第4期末支払利息）

　　　$¥1,373,486 - ¥152,462 = ¥1,221,024$（第4期末元金償還高）

〈キー操作〉 [ ] は電卓の表示窓の数字

　　ラウンドセレクターを5/4，小数点セレクターを0にセット

7,200,000 ⊠ ･ 1907619 M+ [1,373,486]　　　（毎期の年賦金）

7,200,000 ⊠ ･ 04 ＝ [288,000]　　　　　　　（第1期末支払利息）

－ MR ＝ [-1,085,486]　　　　　　　　　　　（第1期末元金償還高）

＋ 7,200,000 ＝ [6,114,514]　　　　　　　　　（第2期首未済元金）

⊠ ･ 04 ＝ [244,581]　　　　　　　　　　　　（第2期末支払利息）

－ MR ＝ [-1,128,905]　　　　　　　　　　　（第2期末元金償還高）

＋ 6,114,514 ＝ [4,985,609]　　　　　　　　　（第3期首未済元金）

⊠ ･ 04 ＝ [199,424]　　　　　　　　　　　　（第3期末支払利息）

－ MR ＝ [-1,174,062]　　　　　　　　　　　（第3期末元金償還高）

＋ 4,985,609 ＝ [3,811,547]　　　　　　　　　（第4期首未済元金）

⊠ ･ 04 ＝ [152,462]　　　　　　　　　　　　（第4期末支払利息）

－ MR ＝ [-1,221,024]　　　　　　　　　　　（第4期末元金償還高）

第1級　第10回　普通計算部門

(A)乗算問題　　　[　　] 珠算・電卓採点箇所　　● 電卓のみ採点箇所

No.	答					
1	¥86,734,998			0.20%(0.2%)		0.21%
2	¥3,853,436	● ¥90,594,558		0.01%		
3	¥6,124			0.00%(0%)		
4	¥43,281,468,710	¥43,957,195,866		● 98.26%	●	99.79%
5	¥675,727,156			1.53%		
		● ¥44,047,790,424				

No.	答					
6	€560,392.92			0.20%(0.2%)	●	7.07%
7	€19,474,532.98	€ 20,034,933.39		● 6.87%		
8	€7.49			0.00%(0%)		
9	€263,453,783.40	● € 263,508,377.83		92.91%		92.93%
10	€54,594.43			0.02%		
		● € 283,543,311.22				

珠算各10点，100点満点　　電卓各5点，100点満点

(B)除算問題

No.	答					
1	¥4,370			0.52%		4.73%
2	¥6,516	● ¥39,571		0.78%		
3	¥28,685			● 3.43%		
4	¥823	¥796,917		0.10%(0.1%)	●	95.27%
5	¥796,094			95.17%		
		● ¥836,488				

No.	答					
6	£305.89			12.61%	●	50.87%
7	£920.32	£1,233.69		● 37.95%		
8	£7.48			0.31%		
9	£1,134.07	● £1,191.68		● 46.76%		49.13%
10	£57.61			2.38%		
		● £2,425.37				

珠算各10点，100点満点　　電卓各5点，100点満点

(C)見取算問題

No.	1	2	3	4	5
計	¥19,392,079	¥520,410	¥1,734,360,644	¥23,608,231,755	¥-49,282,022
小計	● ¥1,754,273,133			¥23,558,949,733	
合計	● ¥25,313,222,866				
答え比率	0.08%	0.00%(0%)	● 6.85%	● 93.26%	-0.19%
小計比率	6.93%			● 93.07%	

No.	6	7	8	9	10
計	$19,370,546.68	$399,518.86	$200,120,443.52	$9,957,632.23	$528,001,106.38
小計	$219,890,509.06			● $537,958,738.61	
合計	● $757,849,247.67				
答え比率	● 2.56%	0.05%	26.41%	1.31%	● 69.67%
小計比率	● 29.02%			70.98%	

珠算各10点，100点満点　　電卓各5点，100点満点

- 37 -

第1級　第10回　ビジネス計算部門　［5点×20］

(1)	¥4,760,234	(11)	¥205,666
(2)	¥215,346	(12)	¥6,684,241
(3)	E：¥468　F：¥134　G：¥3,165	(13)	3.15%
(4)	¥1,216,504	(14)	¥23,626,880
(5)	¥8,040,000	(15)	¥91,100,880
(6)	1年2か月（間）	(16)	¥60,312,982
(7)	¥70,027,000	(17)	¥7,500,000
(8)	¥495,617	(18)	¥116,411,314
(9)	¥9,713,151	(19)	2割9分
(10)	¥51,107,640		

(20)

積　立　金　表

期数	積　立　金	積立金利息	積立金増加高	積立金合計高
1	1,518,407	0	1,518,407	1,518,407
2	1,518,407	53,144	1,571,551	3,089,958
3	1,518,407	108,149	1,626,556	4,716,514
4	1,518,407	165,079	1,683,486	6,400,000
計	6,073,628	326,372	6,400,000	—————

第10回　ビジネス計算部門の解式

(1) 2％，14期の複利年金終価率…15.97393815
¥298,000×15.97393815＝¥4,760,234
〈キー操作〉15.97393815 × 298,000 ＝

(2) 11/2〜翌1/14（両端入れ）…74日
$¥42,830,000×0.0248×\frac{74}{365}=¥215,346$
〈キー操作〉ラウンドセレクターをCUT，小数点セレクターを0にセット
42,830,000 × ・ 0248 × 74 ÷ 365 ＝

(3) E銘柄の指値…¥7.50÷0.016＝468.75　　　¥468
F銘柄の指値…¥4.30÷0.032＝134.37　　　¥134
G銘柄の指値…¥85.50÷0.027＝3,166.66　¥3,165
〈キー操作〉E…7.5 ÷ ・ 016 ＝　　F…4.3 ÷ ・ 032 ＝
G…85.5 ÷ ・ 027 ＝

(4) 5％，8期の複利年金現価率…6.46321276
¥163,000×（6.46321276＋1）＝¥1,216,504
〈キー操作〉6.46321276 ＋ 1 × 163,000 ＝

(5) 予定売価を x とする。
x−¥616,000＝¥5,800,000×（1＋0.28）
x＝¥7,424,000＋¥616,000
x＝¥8,040,000
〈キー操作〉5,800,000 × 1.28 ＋ 616,000 ＝

(6) ¥33,458,052−¥32,860,000＝¥598,052（利息）
$¥598,052÷(¥32,860,000×0.0156×\frac{1}{12})=14$
1年2か月（間）

〈キー操作〉32,860,000 × ・ 0156 ÷ 12 M+ 33,458,052 −
32,860,000 ÷ MR ＝

(7) 2.5％，7期の複利現価率…0.84126524
¥83,240,000×0.84126524＝¥70,027,000
〈キー操作〉・ 84126524 × 83,240,000 ＝

(8) $\frac{$2,084.60}{30yd}×\frac{60m}{0.9144m}×\frac{¥108.70}{$1}=¥495,617$
〈キー操作〉2,084.6 ÷ 30 × 60 ÷ 9144 × 108.7 ＝

(9) H　¥2,730×1,200＝¥3,276,000（約定代金）
¥3,276,000×0.007875＋¥6,300＝¥32,098（手数料）
¥3,276,000−¥32,098＝¥3,243,902
K　¥932×7,000＝¥6,524,000（約定代金）
¥6,524,000×0.006300＋¥13,650＝¥54,751（手数料）
¥6,524,000−¥54,751＝¥6,469,249
¥3,243,902＋¥6,469,249＝¥9,713,151
〈キー操作〉ラウンドセレクターをCUT，小数点セレクターを0にセット
2,730 × 1,200 M+ × ・ 007875 ＋ 6,300 M− 932 × 7,000
M+ × ・ 0063 ＋ 13,650 M− MR

(10) 耐用年数22年の定額法償却率…0.046
¥75,380,000×0.046＝¥3,467,480（毎期償却限度額）
¥3,467,480×7＝¥24,272,360（第7期末減価償却累計額）
¥75,380,000−¥24,272,360＝¥51,107,640
（第8期首帳簿価額）
〈キー操作〉75,380,000 M+ × ・ 046 × 7 M− MR

- 38 -

（11）2.5％，10期の複利賦金率…0.11425876

$¥1,800,000×0.11425876＝¥205,666$

〈キー操作〉 ・ 11425876 ☒ 1,800,000 ＝

（12）4/15〜7/26（片落とし）…102日

$¥6,700,000×\dfrac{¥99.15}{¥100}＝¥6,643,050$ （売買値段）

$¥6,700,000×0.022×\dfrac{102}{365}＝¥41,191$ （経過利子）

$¥6,643,050+¥41,191＝¥6,684,241$

〈キー操作〉ラウンドセレクターをCUT，小数点セレクターを0にセット

6,700,000 M+ ☒ ・ 9915 ＝ MR ☒ ・ 022 ☒ 102 ÷ 365 ＝ GT

（13）3/6〜5/27（片落とし）…82日

$¥35,287,968－¥35,040,000＝¥247,968$ （利息）

$¥247,968÷\left(¥35,040,000×\dfrac{82}{365}\right)＝0.0315$ 3.15％

〈キー操作〉35,040,000 ☒ 82 ÷ 365 M+ 35,287,968 －

35,040,000 ÷ MR ％

（14）耐用年数17年の定率法償却率…0.118

$¥59,840,000$ （第1期首帳簿価額）

$¥59,840,000×0.118＝¥7,061,120$

（第1期末償却限度額）（第1期末減価償却累計額）

$¥59,840,000－¥7,061,120＝¥52,778,880$

（第2期首帳簿価額）

$¥52,778,880×0.118＝¥6,227,907$ （第2期末償却限度額）

$¥7,061,120+¥6,227,907＝¥13,289,027$

（第2期末減価償却累計額）

$¥52,778,880－¥6,227,907＝¥46,550,973$

（第3期首帳簿価額）

$¥46,550,973×0.118＝¥5,493,014$ （第3期末償却限度額）

$¥13,289,027+¥5,493,014＝¥18,782,041$

（第3期末減価償却累計額）

$¥46,550,973－¥5,493,014＝¥41,057,959$

（第4期首帳簿価額）

$¥41,057,959×0.118＝¥4,844,839$ （第4期末償却限度額）

$¥18,782,041+¥4,844,839＝¥23,626,880$

（第4期末減価償却累計額）

〈キー操作〉ラウンドセレクターをCUT，小数点セレクターを0にセット

59,840,000 M+ ☒ ・ 118 ＝ M- MR ☒ ・ 118

＝ M- MR ☒ ・ 118

＝ M- MR ☒ ・ 118 ＝ GT

または，59,840,000 M+ ・ 118 ☒ ☒ MR M- MR M- MR M- MR M- MR

－ 59,840,000 ＝ ％

（15）$¥96,145,920÷(1+0.0272)＝¥93,600,000$

（売買価額）

$¥93,600,000×(1-0.0267)＝¥91,100,880$

〈キー操作〉96,145,920 ÷ 1.0272 M+ 1 － ・ 0267 ☒ MR ＝

（16）8/18〜11/20（両端入れ）…95日

$¥61,032,500×0.0453×\dfrac{95}{365}＝¥719,598$ （割引料）

$¥61,032,580－¥719,598＝¥60,312,982$

〈キー操作〉ラウンドセレクターをCUT，小数点セレクターを0にセット

61,032,580 M+ ▶ ▶ 00 ☒ ・ 0453 ☒ 95 ÷ 365 M- MR

（17）原価をxとする。

$x×(1+0.32)-¥787,500＝x×(1+0.215)$

$1.32x-1.215x＝¥787,500$

$0.105x＝¥787,500$

$x＝¥7,500,000$

〈キー操作〉1.32 － 1.215 M+ 787,500 ÷ MR ＝

（18）3％，10期の複利終価率…1.34391638

$¥86,190,000×1.34391638×\left(1+0.03×\dfrac{2}{12}\right)$

$＝¥116,411,314$

〈キー操作〉 ・ 03 ☒ 2 ÷ 12 ＋ 1 M+ 1.34391638 ☒

86,190,000 ☒ MR ＝

（19）$¥2,800,000×(1+0.4)＝¥3,920,000$ （予定売価）

$¥3,920,000－¥308,000＝¥3,612,000$ （実売価）

$¥3,612,000－¥2,800,000＝¥812,000$ （利益額）

$¥812,000÷¥2,800,000＝0.29$ 2割9分

〈キー操作〉2,800,000 M+ ☒ 1.4 － 308,000 ÷ MR － 1 ＝

（20）3.5％，4期の複利賦金率…0.27225114

$¥6,400,000×(0.27225114-0.035)＝¥1,518,407$

（毎期積立金）・（第1期末積立金増加高）・（第1期末積立金合計高）

$¥1,518,407×4＝¥6,073,628$ （積立金の合計）

$¥1,518,407×0.035＝¥53,144$ （第2期末積立金利息）

$¥1,518,407+¥53,144＝¥1,571,551$ （第2期末積立金増加高）

$¥1,518,407+¥1,571,551＝¥3,089,958$ （第2期末積立金合計高）

$¥3,089,958×0.035＝¥108,149$ （第3期末積立金利息）

$¥1,518,407+¥108,149＝¥1,626,556$ （第3期末積立金増加高）

$¥3,089,958+¥1,626,556＝¥4,716,514$ （第3期末積立金合計高）

$¥6,400,000－¥4,716,514＝¥1,683,486$ （第4期末積立金増加高）

$¥1,683,486－¥1,518,407＝¥165,079$ （第4期末積立金利息）

$¥6,400,000$ （第4期末積立金合計高）・（積立金増加高の計）

$¥6,400,000－¥6,073,628＝¥326,372$ （積立金利息の計）

〈注意〉

$¥4,716,514×0.035＝¥165,078$なので，¥1調整している。

〈キー操作〉［ ］は電卓の表示窓の数字

ラウンドセレクターを5/4，小数点セレクターを0にセット

・ 27225114 － ・ 035 ☒ 6,400,000 M+ ［1,518,407］

（毎期積立金）・（第1期末積立金増加高）・（第1期末積立金合計高）

☒ 4 ［6,073,628］ （積立金の合計）

MR ☒ ・ 035 ［53,114］ （第2期末積立金利息）

＋ MR ＝ ［1,571,551］ （第2期末積立金増加高）

＋ MR ＝ ［3,089,958］ （第2期末積立金合計高）

☒ ・ 035 ＝ ［108,149］ （第3期末積立金利息）

＋ MR ＝ ［1,626,556］ （第3期末積立金増加高）

＋ 3,089,958 ＝ ［4,716,514］ （第3期末積立金合計高）

6,400,000 － 4,716,514 ＝ ［1,683,486］ （第4期末積立金増加高）

－ MR ＝ ［165,079］ （第4期末積立金利息）

6,400,000 ［6,400,000］ （第4期末積立金合計高）・（積立金増加高の計）

－ 6,073,628 ＝ ［326,372］ （積立金利息の計）

（A）乗算問題

(1)	¥ 769,815,056					● 5.28%	
(2)	¥ 5,574,362,730	小計	●	¥ 6,344,178,007		38.24%	43.52%
(3)	¥ 221					0.00% (0%)	
(4)	¥ 96,758,050	小計		¥ 8,233,838,429		● 0.66%	● 56.48%
(5)	¥ 8,137,080,379					55.82%	
		合計	●	¥ 14,578,016,436			

(6)	€ 4,942,485.09					28.40% (28.4%)	
(7)	€ 10,622.33	小計		€ 10,839,098.24		0.06%	● 62.27%
(8)	€ 5,885,990.82					● 33.82%	
(9)	€ 3,795.93	小計	●	€ 6,567,079.43		0.02%	37.73%
(10)	€ 6,563,283.50					● 37.71%	
		合計	●	€ 17,406,177.67			

珠算 ☐ 各10点，100点満点

電卓各5点，100点満点
小計・合計・構成比率は●のみ採点

（B）除算問題

(1)	¥ 54,108					19.82%	
(2)	¥ 4,217	小計		¥ 66,999		● 1.54%	● 24.54%
(3)	¥ 8,674					3.18%	
(4)	¥ 205,596	小計	●	¥ 205,985		● 75.31%	75.46%
(5)	¥ 389					0.14%	
		合計	●	¥ 272,984			

(6)	$ 937.23					● 9.99%	
(7)	$ 6.25	小計	●	$ 958.38		0.07%	10.22%
(8)	$ 14.90					0.16%	
(9)	$ 7,606.51	小計		$ 8,420.43		81.10% (81.1%)	● 89.78%
(10)	$ 813.92					● 8.68%	
		合計	●	$ 9,378.81			

珠算 ☐ 各10点，100点満点

電卓各5点，100点満点
小計・合計・構成比率は●のみ採点

（C）見取算問題

No.	(1)	(2)	(3)	(4)	(5)
計	¥ 3,630,658,230	¥ 977,546	¥ 26,494,743,670	¥ 89,494,454	¥ 738,970,560

小計	● ¥ 30,126,379,446			¥ 828,465,014	
合計	● ¥ 30,954,844,460				

構成	● 11.73%	0.00% (0%)	85.59%	● 0.29%	2.39%
比率	97.32%			● 2.68%	

No.	(6)	(7)	(8)	(9)	(10)
計	£ 266,670,970.18	£ 108,564.83	£ 89,511,955.16	£ −690,389.76	£ 470,000,255.14

小計	£ 356,291,490.17			● £ 469,309,865.38	
合計	● £ 825,601,355.55				

構成	32.30% (32.3%)	0.01%	● 10.84%	−0.08%	● 56.93%
比率	● 43.16%			56.84%	

珠算 ▢ 各10点，100点満点　　　電卓各5点，100点満点　　　小計・合計・構成比率は●のみ採点

第1級　ビジネス計算部門

(1)	¥ 57,927		(8)	¥ 41,200,000		(16)	¥ 33,268,000
(2)	¥ 81,297,949		(9)	¥ 26,945,591		(17)	¥ 9,038,007
(3)	¥ 40,480,000		(10)	¥ 343,186		(18)	¥ 8,037,593
(4)	¥ 25,143		(11)	2割4分1厘		(19)	¥ 662,016
(5)	¥ 37,253,580		(12)	¥ 94,845,606			
(6)	¥ 6,225,107		(13)	1.54%			
(7)	A　1.4% B　2.9% C　0.8%		(14)	¥ 770,179			
			(15)	¥ 19,123,810			

(20)　　　　　　　　　　積　立　金　表

期数	積　立　金	積 立 金 利 息	積立金増加高	積立金合計高
1	598,766	0	598,766	598,766
2	598,766	32,932	631,698	1,230,464
3	598,766	67,676	666,442	1,896,906
4	598,766	104,328	703,094	2,600,000
計	2,395,064	204,936	2,600,000	————

各5点，100点満点

第146回検定　第1級　ビジネス計算部門の解式

(1) 5/8～7/12（両端入れ）…66日

$$¥11,320,000×0.0283×\frac{66}{365}=\underline{¥57,927}$$

(2) 4.5%，10期の複利終価率…1.55296942

$$¥52,350,000×1.55296942=\underline{¥81,297,949}$$

(3) 11/7～翌1/19（片落とし）…73日

元金をxとする。

$$x×\left(1+0.00225×\frac{73}{365}\right)=¥40,498,216$$
$$1.00045x=¥40,498,216$$
$$x=\underline{¥40,480,000}$$

(4) $\dfrac{\$354.70}{10米ガロン}×\dfrac{20L}{3.785L}×\dfrac{¥134.15}{\$1}=\underline{¥25,143}$

(5) 耐用年数39年の定額法償却率…0.026

$$¥68,230,000×0.026=¥1,773,980 \quad（毎期償却限度額）$$
$$¥1,773,980×21=\underline{¥37,253,580} \quad（第21期末減価償却累計額）$$

(6) 6.5%，12期の複利年金現価率…8.15872532

$$¥763,000×8.15872532=\underline{¥6,225,107}$$

(7) A銘柄の利回り…¥2.40÷¥75＝0.0137　　　<u>1.4%</u>
　　B銘柄の利回り…¥6.70÷¥234＝0.0286　　<u>2.9%</u>
　　C銘柄の利回り…¥51.00÷¥6,120＝0.0083　<u>0.8%</u>

(8) ¥8,652,000÷0.15＝¥57,680,000（予定売価）
　　¥57,680,000×(1-0.15)＝¥49,028,000（実売価）
　　¥49,028,000÷(1+0.19)＝<u>¥41,200,000</u>（原価）

(9) 耐用年数14年の定率法償却率…0.143
　　¥42,810,000×(1-0.143)＝¥36,688,170（第2期首帳簿価額）
　　¥36,688,170×(1-0.143)＝¥31,441,762（第3期首帳簿価額）
　　¥31,441,762×(1-0.143)＝<u>¥26,945,591</u>（第4期首帳簿価額）

(10) 7/30～11/15（片落とし）…108日
　　　8/26～11/15（片落とし）…81日
　　　10/4～11/15（片落とし）…42日
　　¥18,970,000×108＝¥2,048,760,000
　　¥56,030,000×81＝¥4,538,430,000
　　¥74,360,000×42＝¥3,123,120,000
　　　　　　　　　　　¥9,710,310,000（積数合計）
　　¥9,710,310,000×0.0129÷365＝<u>¥343,186</u>

(11) ¥3,100,000×(1+0.38)-¥1,925,100＝¥2,352,900
　　　　　　　　　　　　　　　　　　　（実売価）
　　¥2,352,900-¥3,100,000＝¥747,100（損失額）
　　¥747,100÷¥3,100,000＝0.241　　<u>2割4分1厘</u>

(12) 2/3～3/28（平年，両端入れ）…54日
　　¥95,435,700×0.0418×$\frac{54}{365}$＝¥590,184（割引料）
　　¥95,435,790-¥590,184＝<u>¥94,845,606</u>

(13) ¥70,021,200÷(1+0.0148)＝<u>¥69,000,000</u>
　　　　　　　　　　　　　　　　　（売買価額）
　　¥1,062,600÷¥69,000,000＝0.0154　<u>1.54%</u>

(14) 3%，14期の複利賦金率…0.08852634
　　¥8,700,000×0.08852634＝<u>¥770,179</u>

(15) D　¥583×8,000＝¥4,664,000（約定代金）
　　　¥4,664,000×0.008470+¥4,378＝¥43,882
　　　　　　　　　　　　　　　　　　　　（手数料）
　　　¥4,664,000-¥43,882＝¥4,620,118
　　E　¥7,306×2,000＝¥14,612,000（約定代金）
　　　¥14,612,000×0.005720+¥24,728＝¥108,308
　　　　　　　　　　　　　　　　　　　　（手数料）
　　　¥14,612,000-¥108,308＝¥14,503,692
　　¥4,620,118+¥14,503,692＝<u>¥19,123,810</u>

(16) 3.5%，17期の複利現価率…0.55720378

$$¥60,750,000×0.55720378÷\left(1+0.035×\frac{3}{6}\right)$$
$$=\underline{¥33,268,000}$$

(17) 6/25～10/13（片落とし）…110日

　　¥9,300,000×$\dfrac{¥96.55}{¥100}$＝¥8,979,150（買入価額）

　　¥9,300,000×0.021×$\dfrac{100}{365}$＝¥58,857（経過利子）

　　¥8,979,150+¥58,857＝<u>¥9,038,007</u>

(18) 2%，20期の複利年金終価率…24.29736980
　　¥345,000×(24.29736980-1)＝<u>¥8,037,593</u>

(19) ¥6,900×12×60+¥204,000＝¥5,172,000
　　　　　　　　　　　　　　　　　（諸掛込原価）

　　¥5,172,000×(1+0.41)＝¥7,292,520（予定売価）

　　¥7,292,520×$\frac{2}{3}$×0.85＝¥4,132,428

　　¥7,292,520×$\frac{1}{3}$×0.7＝¥1,701,588

　　¥4,132,428+¥1,701,588-¥5,172,000
　　　　　　　　　　　　　　　　＝<u>¥662,016</u>

(20) 5.5%，4期の複利賦金率…0.28529449
　　¥2,600,000×(0.28529449-0.055)＝¥598,766
　　　（毎期積立金）・（第1期末積立金増加高）・（第1期末積立合計高）
　　¥598,766×4＝¥2,395,064（積立金の合計）
　　¥598,766×0.055＝¥32,932（第2期末積立金利息）
　　¥598,766+¥32,932＝¥631,698（第2期末積立金増加高）
　　¥631,698+¥598,766＝¥1,230,464
　　　　　　　　　　　　　（第2期末積立金合計高）
　　¥1,230,464×0.055＝¥67,676（第3期末積立金利息）
　　¥598,766+¥67,676＝¥666,442（第3期末積立金増加高）
　　¥666,442+¥1,230,464＝¥1,896,906
　　　　　　　　　　　　　（第3期末積立金合計高）
　　¥2,600,000-¥1,896,906＝¥703,094
　　　　　　　　　　　　　（第4期末積立金増加高）
　　¥703,094-¥598,766＝¥104,328（第4期末積立金利息）
　　¥2,600,000（第4期末積立金合計高）・（積立金増加高の計）
　　¥2,600,000-2,395,064＝¥204,936（積立金利息の計）

<注意>
¥1,896,906×0.055＝¥104,330なので，¥2調整している。

（A）乗 算 問 題

(1)	¥ 550,423,692		● 3.66%
(2)	¥ 365,056,350	小計　　　　　¥ 923,460,746	2.43%
(3)	¥ 7,980,704		0.05%
(4)	¥ 978	小計　● ¥ 14,104,638,554	0.00%（0%）
(5)	¥ 14,104,637,576		● 93.86%
		合計　● ¥ 15,028,099,300	

● 6.14%

93.86%

(6)	£ 6,394,723.40		● 2.46%
(7)	£ 967,526.03	小計　● £ 7,411,554.07	0.37%
(8)	£ 49,304.64		0.02%
(9)	£ 18,406.09	小計　£ 252,500,710.93	● 0.01%
(10)	£ 252,482,304.84		97.14%
		合計　● £ 259,912,265.00（£ 259,912,265）	

2.85%

● 97.15%

珠算 □ 各10点，100点満点

電卓各5点，100点満点
小計・合計・構成比率は●のみ採点

（B）除 算 問 題

(1)	¥ 8,175		1.85%
(2)	¥ 1,654	小計　● ¥ 10,578	0.37%
(3)	¥ 749		● 0.17%
(4)	¥ 94,723	小計　¥ 430,630	21.47%
(5)	¥ 335,907		● 76.13%
		合計　● ¥ 441,208	

2.40%（2.4%）

● 97.60%（97.6%）

(6)	€ 8.26		0.14%
(7)	€ 206.70	小計　€ 746.04	● 3.62%
(8)	€ 531.08		9.31%
(9)	€ 4,891.92	小計　● € 4,956.13	85.79%
(10)	€ 64.21		● 1.13%
		合計　● € 5,702.17	

● 13.08%

86.92%

珠算 □ 各10点，100点満点

電卓各5点，100点満点
小計・合計・構成比率は●のみ採点

(C) 見 取 算 問 題

No.	(1)	(2)	(3)	(4)	(5)
計	¥ 7,540,399	¥ 9,599,815	¥ 8,585,406,257	¥ 6,205,841,811	¥ 5,893,192

小計	● ¥ 8,602,546,471		● ¥ 6,211,735,003	
合計	● ¥ 14,814,281,474			

構成	0.05%	0.06%	● 57.95%	41.89%	● 0.04%
比率	● 58.07%		41.93%		

No.	(6)	(7)	(8)	(9)	(10)
計	$ 20,369,453.82	$ 44,420,763.28	$ −13,404,189.63	$ 524,215,436.78	$ 32,039,589.46

小計	● $ 51,386,027.47		$ 556,255,026.24	
合計	● $ 607,641,053.71			

構成	● 3.35%	7.31%	−2.21%	● 86.27%	5.27%
比率	8.46%		● 91.54%		

珠算 ☐ 各10点，100点満点   電卓各5点，100点満点   小計・合計・構成比率は●のみ採点

....

第 1 級　ビジネス計算部門

(1)	¥ 321,823	(8)	¥ 5,575,076	(16)	¥ 70,535,717
(2)	0.175%	(9)	¥ 2,915,761	(17)	¥ 181,326,211
(3)	¥ 21,684,460	(10)	¥ 69,465,600	(18)	¥ 35,301,400
(4)	¥ 1,479	(11)	¥ 91,476,929	(19)	¥ 73,500
(5)	¥ 45,940,677	(12)	¥ 485,734		
(6)	¥ 9,373,258	(13)	2.963%		
(7)	¥ 6,137,600	(14)	8分8厘		
		(15)	A　¥ 557 B　¥ 426 C　¥ 3,225		

(20)　　　　　減 価 償 却 計 算 表

期数	期首帳簿価額	償 却 限 度 額	減価償却累計額
1	61,290,000	8,151,570	8,151,570
2	53,138,430	7,067,411	15,218,981
3	46,071,019	6,127,445	21,346,426
4	39,943,574	5,312,495	26,658,921

各5点，100点満点

第147回検定　第1級　ビジネス計算部門の解式

(/)　9/10～11/27（両端入れ）…79日

$$¥36,090,000×0.0412×\frac{79}{365}=¥321,823$$

(2)　12/14～翌3/9（平年，片落とし）…85日

利率を x とする。

$$¥18,987,735-¥18,980,000=¥7,735（利息）$$

$$¥18,980,000×x×\frac{85}{365}=¥7,735$$

$$¥4,420,000x=¥7,735$$

$$x=0.00175\qquad 0.175\%$$

(3)　耐用年数47年の定額法償却率…0.022

$¥53,410,000×0.022=¥1,175,020$　（毎期償却限度額）

$¥1,175,020×27=¥31,725,540$　（第27期末減価償却累計額）

$¥53,410,000-¥31,725,540=¥21,684,460$

（第28期首帳簿価額）

(4)　$\dfrac{\$4,832.70}{30米トン}×\dfrac{60kg}{907.2kg}×\dfrac{¥138.80}{\$/}=¥1,479$

(5)　D　$¥637×9,000=¥5,733,000$（約定代金）

$¥5,733,000×0.00245+¥4,686=¥16,983$

（手数料）

$¥5,733,000+¥16,983=¥5,749,983$

E　$¥8,024×5,000=¥40,120,000$（約定代金）

$¥40,120,000×0.00099+¥30,976=¥70,694$

（手数料）

$¥40,120,000+¥70,694=¥40,190,694$

$¥5,749,983+¥40,190,694=¥45,940,677$

(6)　5.5%，10期の複利年金終価率…12.87535379

$¥728,000×12.87535379=¥9,373,258$

(7)　原価を x とする。

$$x×(1+0.31)-¥1,198,400=x×(1+0.096)$$

$$1.31x-1.096x=¥1,198,400$$

$$0.214x=¥1,198,400$$

$$x=¥5,600,000（原価）$$

$¥5,600,000×(1+0.096)=¥6,137,600$

(8)　7/15～10/20（片落とし）…97日

$$¥5,600,000×\frac{¥99.05}{¥100}=¥5,546,800（買入価額）$$

$$¥5,600,000×0.019×\frac{97}{365}=¥28,276（経過利子）$$

$$¥5,546,800+¥28,276=¥5,575,076$$

(9)　2.5%，12期の複利年金現価率…10.25776460

$¥259,000×(10.25776460+1)=¥2,915,761$

(/0)　$¥74,505,600÷(1+0.0348)=¥72,000,000$

（売買価額）

$¥72,000,000×(1-0.0352)=¥69,465,600$

(//)　3/21～5/19（両端入れ）…60日

$$¥92,068,600×0.0391×\frac{60}{365}=¥591,761（割引料）$$

$$¥92,068,690-¥591,761=91,476,929$$

(/2)　2%，15期の複利賦金率…0.07782547

$¥8,400,000×(0.07782547-0.02)=¥485,734$

(/3)　$¥100-¥97.65=¥2.35$（償還差益）

$$\frac{(¥100×0.026+¥2.35÷8)}{¥97.65}=0.029633\qquad 2.963\%$$

(/4)　$¥1,300,000×(1+0.254)+¥157,300$

$$=¥1,787,500（予定売価）$$

$¥157,300÷¥1,787,500=0.088\qquad 8分8厘$

(/5)　A銘柄の指値…$¥3.90÷0.007=¥557.14$　　　¥557

B銘柄の指値…$¥6.40÷0.015=¥426.67$　　　¥426

C銘柄の指値…$¥71.00÷0.022=¥3,227.27$　　¥3,225

(/6)　3%，18期の複利終価率…1.70243306

$$¥40,820,000×1.70243306×\left(1+0.03×\frac{3}{6}\right)$$

$$=¥70,535,717$$

(/7)　4/2～7/24（片落とし）…113日

5/30～7/24（片落とし）…55日

6/13～7/24（片落とし）…41日

$¥30,950,000×113=¥3,497,350,000$

$¥62,470,000×55=¥3,435,850,000$

$¥87,310,000×41=¥3,579,710,000$

$¥180,730,000$　　$¥10,512,910,000$（積数合計）

$¥10,512,910,000×0.0207÷365=¥596,211$

（利息合計）

$¥180,730,000+¥596,211=¥181,326,211$

(/8)　6.5%，12期の複利現価率…0.46968285

$¥75,160,000×0.46968285=¥35,301,400$

(/9)　予定売価を x，仕入諸掛を y とする。

$$x×\frac{1}{2}×(1-0.1)+x×\frac{1}{2}×(1-0.18)=¥2,313,486$$

$$0.86x=¥2,313,486$$

$$x=¥2,690,100$$

$$(¥2,640×700+y)×(1+0.4)=¥2,690,100$$

$$(¥1,848,000+y)×1.4=¥2,690,100$$

$$¥1,848,000+y=¥2,690,100÷1.4$$

$$y=¥1,921,500-¥1,848,000$$

$$y=¥73,500$$

<別解>仕入諸掛を x とする。

$$(¥2,640×700+x)×(1+0.4)×\left\{\frac{1}{2}×(1-0.1)+\frac{1}{2}×(1-0.18)\right\}$$

$$=¥2,313,486$$

$$(¥1,848,000+x)×1.4×(0.45+0.41)=¥2,313,486$$

$$¥1,848,000+x=¥2,313,486÷1.204$$

$$x=¥1,921,500-¥1,848,000$$

$$x=¥73,500$$

(20)　耐用年数15年の定率法償却率…0.133

$¥61,290,000×0.133=¥8,151,570$

（第1期末償却限度額）・（第1期末減価償却累計額）

$¥61,290,000-¥8,151,570=¥53,138,430$

（第2期首帳簿価額）

$¥53,138,430×0.133=¥7,067,411$（第2期末償却限度額）

$¥8,151,570+¥7,067,411=¥15,218,981$

（第2期末減価償却累計額）

$¥53,138,430-¥7,067,411=¥46,071,019$

（第3期首帳簿価額）

$¥46,071,019×0.133=¥6,127,445$（第3期末償却限度額）

$¥15,218,981+¥6,127,445=¥21,346,426$

（第3期末減価償却累計額）

$¥46,071,019-¥6,127,445=¥39,943,574$

（第4期首帳簿価額）

$¥39,943,574×0.133=¥5,312,495$（第4期末償却限度額）

$¥21,346,426+¥5,312,495=¥26,658,921$

（第4期末減価償却累計額）